解密航天员
热门航天员问题的答案清单

庞之浩 编著

FREQUENTLY ASKED QUESTIONS
ABOUT ASTRONAUTS

电子工业出版社
Publishing House of Electronics Industry
北京·BEIJING

内 容 简 介

太空环境十分恶劣，对进入太空生活和工作的航天员提出了很高的要求，所以，航天员的选拔和训练十分重要。本书分为四大部分，主要介绍了航天员的选拔、航天员的训练、航天员的生活和航天员的工作。内容涵盖了各国航天员的选拔与训练的方法，以及他们的太空经历，突出介绍了中国航天员的知识和故事，以及国外著名航天员的成长历程。航天员在太空中的工作看似轻松愉快，实则繁重复杂，尤其是充满了风险的舱外活动，因此，各国乃至全人类需要为航天员及其工作提供全方位保障。

未经许可，不得以任何方式复制或抄袭本书之部分或全部内容。
版权所有，侵权必究。

图书在版编目（CIP）数据

解密航天员：热门航天员问题的答案清单/庞之浩编著. —北京：电子工业出版社，2024.5
ISBN 978-7-121-47787-4

Ⅰ.①解… Ⅱ.①庞… Ⅲ.①航天员—普及读物 Ⅳ.①V527-49

中国国家版本馆CIP数据核字（2024）第088741号

责任编辑：刘家彤
印　　刷：固安县铭成印刷有限公司
装　　订：固安县铭成印刷有限公司
出版发行：电子工业出版社
　　　　　北京市海淀区万寿路173信箱　邮编：100036
开　　本：720×1000　1/16　印张：15.25　字数：266.2千字
版　　次：2024年5月第1版
印　　次：2025年4月第3次印刷
定　　价：79.80元

凡所购买电子工业出版社图书有缺损问题，请向购买书店调换。若书店售缺，请与本社发行部联系，联系及邮购电话：（010）88254888，88258888。
质量投诉请发邮件至zlts@phei.com.cn，盗版侵权举报请发邮件至dbqq@phei.com.cn。
本书咨询联系方式：liujt@phei.com.cn，（010）88254504。

序言

　　载人航天是航天技术向更高阶段的发展，例如，人在太空中可以进行各种复杂的组装、科研、生产活动，包括实验、试验、加工和观测等，完成很多在地面上无法完成的任务；人在太空中能开展各种在轨服务，包括对航天员所在载人航天器或其他在轨航天器进行维修、升级和加注燃料，以延长航天器的寿命，完善航天器的功能。有些空间资源和空间能源的开发，以及某些复杂的试验，在达到一定程度、一定规模时，没有人的参与就很难进行下去或很难实现目标。

　　随着载人航天技术的发展和人类航天活动的不断深化，航天员在载人航天中承担着越来越多、越来越复杂的任务，在进行空间科学实验和空间资源开发利用中发挥着越来越重要的作用。航天员是载人航天的代表，是由成千上万从事载人航天事业的科学家、工程技术人员、训练人员、管理人员和后勤保障人员团结协作、努力拼搏、刻苦攻关和辛勤工作培养出来的。截至2023年年底，我国已有20名航天员实现了太空遨游。

　　为此，笔者特编著《解密航天员：热门航天员问题的答案清单》一书，以易于传播、寻根究底、喜闻乐见、老少皆宜和雅俗共赏的问答形式，科学、全面、系统、新颖和有趣地介绍了航天员的选拔、航天员的训练、航天员的生活和航天员的工作。本书对航天员是如何炼成的进行了通俗易懂的讲解，内容涵盖了各国航天员的选拔与训练的方法，以及他们的太空经历，突出介绍了中国航天员的知识和故事，以及国外著名航天员的成长历程，回答了许多青少年感兴趣的与航天员有关的各类问题。

　　例如，生过什么病的人不能当航天员？3批中国航天员的选拔有何不同？苏联航天员加加林是如何成为世界太空第一人的？中国航天飞行乘组的选拔主要考虑哪些因素？女性航天员在太空中有什么优势？如何选拔去火星的航天员？职业航天员的训练分几个阶段？怎样对航天员进行心理检查和训练？为什么航天员上太空后还要训练？在太空生活中什么事情比较麻烦？我国第二代舱外航天服相比第一代有哪些改进？航天员如何在太空中进行大小便？什么是再生式环境控制与生命保障系统？为什么航天员常看飞行手册？美国为何派曾当过兽医的航天员出舱维修"哈勃太空望远镜"？航天员在太空中主要做什么科学实验？为什么出舱前航天员要吸氧排氮？哪些航天员获得过载人航天的世界第一？

　　书中收录了大量来自美国国家航空航天局（NASA）、欧洲空间局（ESA）、中国航天员科研训练中心（简称"中国航天员中心"）等与航天员有关的组织的实景照片，以系列问答和图文并茂的形式向读者展示了中外航天员取得的伟大成就。其优点是显而易见的，例如，所讨论的主题容易激发读者的阅读兴趣；读者既可以系统阅读本书，全面了解世界航天员发展的今世前缘，也可以根据自己的需求阅读其中感兴趣的章节；本书配有大量图片，不仅美化了版面，而且一些图片中还含有重要的科技信息，读者能够一目了然地掌握有关知识。

　　本书的特点是，采用成熟的问答科普创作方式，深入浅出地介绍了世界航天员系统的新的发展成就，尤其包括了中国航天员系统成就背后的一些鲜为人知的知识，使读者既可以知其然，又可以知其所以然。有的章节根据需要插入了有关背景介绍或知识介绍的小链接，为读者答疑解惑，使文章内容更加丰满。书中还讲述了一些航天员的感人故事与奇妙技能，宣传了航天精神。

　　未来，载人深空探测将是人类航天发展的热点。人类将从地球出发，探索深空或前往其他天体，并安全返回地球，目的是探索和开发宇宙资源，拓展人类活动和生存的空间。目前，美国已联合一些国家开始实施庞大的"阿尔忒弥斯计划"，准备建成月球空间站并派航天员从月球空间站出发登陆月球，美国希望建立长期有人驻守的月球科研基地、能源基地等，并以月球为跳板载人登陆火星。根据中国国情和技术发展水平，中国计划在2030年前实现首次载人登陆月球。为此，如何选拔和训练月球航天员或火星航天员是人类亟待解决的大问题。

　　载人航天目前还是一项高投入、高技术、高风险的事业，需要突破许多新技术。尽管航天员成长的道路非常曲折，但是人类进入太空、开发太空的步伐永远不会停止。因此，笔者希望通过《解密航天员：热门航天员问题的答案清单》一书让更多的人关注人类航天员领域的发展，进一步了解人类如何在太空中生存，开阔公众的视野，帮助更多青少年走近航天员、了解航天员、喜欢航天员，最后加入航天员的队伍，或者成为科学家、工程技术人员，为航天员打造更安全、更舒适、更先进的载人航天器，加速我国载人航天技术的发展，为全球载人航天事业做出更大的贡献。

CONTENTS 目录

解密航天员选拔

太空环境对载人航天活动有哪些不利因素？长期生活在失重环境中会对人体产生什么影响？ / 002

航天员有几种职业类型？怎样对预备航天员进行医学选拔？ / 009

中国航天员的选拔有何不同？为什么要进行训练期航天员的选拔？ / 017

为什么杨利伟能成为中国航天第一人？他在执行航天飞行任务过程中遇到了哪些挑战？ / 022

中国航天飞行乘组的选拔主要考虑哪些因素？"神舟十四号"航天飞行乘组有什么特点？ / 029

男女航天员的选拔和培训一样吗？女性航天员在太空中有哪些优势？ / 037

各国航天员的工资是多少？太空游客算航天员吗？ / 040

什么样的人适合去火星？如何选拔去火星的航天员？ / 047

解密航天员训练

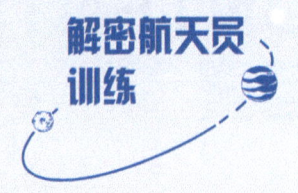

对预备航天员进行训练的目的是什么？职业航天员的训练分为几个阶段？ / 056

哪种航天训练最具特色？在地面如何进行超重耐力适应性训练和失重训练？ / 062

怎样对航天员进行心理检查和训练？专业技术训练包括哪些内容？ / 070

航天飞行任务模拟训练、任务准备与强化训练分几类？为什么航天员上太空后还要训练？ / 077

航天员有哪些救生物品？怎样进行航天员的救生与生存训练？ / 086

如何模拟冷黑和真空等太空环境？用什么设备来模拟超重环境和失重环境？ / 094

有什么办法可以应对载人航天活动中的冲击？中国主要有哪些载人航天环境模拟设备？ / 101

如何在地面进行失重训练？为什么要研制载人航天器飞行训练模拟器？ / 109

载人航天器飞行训练模拟器通常由几个系统组成？航天员怎样使用虚拟现实技术进行模拟训练？ / 116

解密航天员生活

航天员如何在太空中睡觉？在太空生活中什么事情比较麻烦？ / 124

在太空中飞行的人会长高吗？航天员最喜欢的活动是什么？ / 132

目录 VII

为什么升空和返回时航天员一定要穿舱内航天服？美俄的舱外航天服有哪些不同？ / 139

中国第二代舱外航天服相比第一代舱外航天服有哪些改进？怎样穿着它们？ / 147

航天员在太空中吃的食品有什么特殊性？在太空中吃饭常用几种方式？ / 154

中国研制了哪些航天食品？为什么每个航天飞行乘组的航天食品不完全一样？ / 162

航天员如何在太空中进行大小便？太空马桶与地面马桶有什么区别？ / 170

解密航天员工作

航天员在太空中主要干什么工作？中国航天员在"天宫"空间站中完成了什么任务？ / 180

为什么航天员常看飞行手册？航天员在空间交会对接过程中干什么？ / 188

航天员在太空中主要做什么科学实验？中国航天员在太空中取得了哪些科研成就？ / 193

航天员进行太空行走有几种方式？为什么出舱前他们要吸氧排氮？ / 202

航天员如何开展太空教育？中国航天员太空授课的主要内容是什么？ / 210

怎样为航天员保驾护航？什么是载人航天的医学监督与医学保障？ / 219

如何使返回地面的航天员尽快恢复身体健康？哪些航天员获得过载人航天的世界第一？ / 226

解密航天员选拔

太空环境对载人航天活动有哪些不利因素？长期生活在失重环境中会对人体产生什么影响？

众所周知，要想进入太空、开发太空，必须首先了解太空环境。太空环境除具有强辐射、高真空、大低温等特点外，还有高速运动的尘埃、微流星体和流星体，它们均具有极大的动能。

1 第四生存领域

太空通常是指地球稠密大气层之外的空间区域。人们通常将距离地球海平面 100 千米以上直至遥远宇宙空间的区域称为"太空"。以目前的技术水平人类还无法到达更加遥远的宇宙空间，所以，人类的航天活动主要在太阳系以内进行。

链接： 在罗马召开的第 32 届国际宇航联合会上，科学家将太空称为人类的"第四生存领域"，而把陆地、海洋、大气层分别称为人类的第一生存领域、第二生存领域、第三生存领域。自苏联成功发射了世界第一颗人造地球卫星之后，太空成为继陆地、海洋、大气层之后人类认识和实践活动的新领域。

人类一直在不断努力扩展生存领域，其活动范围经历了从陆地到海洋、从海洋到大气层，再从大气层到太空的发展过程。人类活动范围的每一次扩展都是一次伟大的飞跃，促进了人类生产力和社会的发展，增强了人类认识和改造自然乃至宇宙的能力。例如，远洋航海技术的兴起使世界贸易的发展进入一个"全球文明"的时代；载人航天技术的问世使人类离开了地球摇篮而进入浩瀚无边的太空，开启了"太空文明"的新时代。在"太空文明"新时代，地球是人类生存之本和一切物质财富之源的断言已显过时，宇宙空间以其无穷无尽的宝贵资源吸引着越来越多的人去开发和利用。

太阳系行星家族

对于人类来说，太空环境是严酷的。在载人航天活动中，人类遇到的太空环境既复杂又特殊。人即使搭乘载人航天器进入太空，也要面临振动、噪声、超重、失重等一系列困难。太空环境也会对载人航天器产生很大的影响。所以，在进行载人航天活动的整个过程中，人类都要不断地研究和了解太空环境，以及这种环境对人与载人航天器的影响。

2 太空环境

太空环境近似为真空环境，有着很多可能对载人航天活动产生不利影响的因素，如电磁辐射、太空碎片等。每一种因素都可能与载人航天器表面或内部各分系统相互作用，如果不能有效地预见这些作用的潜在危害，就有可能严重影响载人航天器执行任务的效果，甚至导致致命事故。

影响载人航天活动的主要太空环境因素有太阳辐射、残余大气、原子氧、等离子体、空间带电粒子辐射、地球电离层、地球引力场、地球磁场，以及由载人航天器在轨道上与周围环境相互作用产生的诱发环境。太空环境的参数，如大气层、辐射带等均受太阳活动的影响，同时由于载人航天器的存在和运行能够改变它周围太空环境的成分（如天然带电粒子），使载人航天器轨道上的局部环境与天然太空环境有很大不同。分析局部环境与载人航天器的相互作用，对评估载人航天器的功能、可靠性、工作寿命等具有重要作用，因此在载人航天器的设计中，必须考虑到这一点。

载人航天器因担负的任务不同而在不同的轨道上运行，所以它们面临的太空环境也不同。载人航天器一般在 300～500 千米高的地球轨道上运行，这个区域的主要特点是大气对载人航天器的影响十分明显，大气对载人航天器的阻力是载人航天器轨道衰降的主要原因之一；大气中的原子氧又是载人航天器表面材料氧化、剥蚀的主要原因；另外，这个区域的地磁场强度相对较大，会对载人航天器的姿态产生较大的影响。

链接： 地磁场对高能带电粒子的偏转作用成为载人航天器的天然屏障，它会使低轨道上的载人航天器遭遇的宇宙射线强度低于其他区域。目前，在低轨道上运行的航天器最多，遗弃在低轨道上的太空碎片也最多，太空碎片已经成为威胁载人航天器安全的新的环境因素。

3 宇宙辐射

太空环境是强辐射环境，例如，银河系有银河宇宙射线辐射，太阳系有太阳电磁辐射、太阳宇宙射线辐射（太阳耀斑爆发时向外发射的高能带电粒子）和太阳风（由太阳日冕吹出的高能等离子体流）等。

遥远的黑洞可能是高能宇宙射线的源头

太空环境在不断地变化着，这些变化大多与太阳、太阳活动有关。太阳爆发性活动及其引发的近地太空环境扰动事件能够使地球所处的太空环境发生剧烈的变化。例如，在强烈的太阳爆发性活动期间，能量超过1兆电子伏特/核子的离子和大于100千电子伏特的电子的通量可能出现几个数量级的增加，持续时间可达几个小时甚至数天。载人航天器探测数据也显示地球辐射带环境存在显著的动态变化，在太阳爆发性活动及其引发的地磁扰动事件期间，地球辐射带中可能产生新的质子带和电子带。

太空中的各种天体也在向外辐射电磁波，许多天体还向外辐射高能带电粒子，形成宇宙射线。地球磁场俘获上述高能带电粒子，在近地空间形成辐射性很强的辐射带，因此太空环境还是一个强辐射环境。由于地球大气层的屏蔽效应，太空中的辐射到达地面的剂量很小，对生活在地球上的人类基本没有危害。而在太空中，由于不存在地球大气层的屏蔽效应，进行航天飞行的航天员如果没有得到有效的辐射防护，可能受到宇宙辐射的致命伤害。

链接： 许多天体有磁场，磁场俘获来自宇宙空间的高能带电粒子，会形成辐射性很强的辐射带，比如在地球的上空就有内、外两个辐射带，其中内辐射带对载人航天活动影响较大。因此，绕地运行的载人航天器轨道高度一般为300～500千米，如果再高将进入或接近地球辐射带，那里的高能带电粒子的辐射能力很强，可能穿透载人航天器并对航天员造成伤害。轨道高度如果低于300千米，则残余大气阻力明显增加，载人航天器维持轨道运行所需消耗的推进剂就会更多。

4 微重力环境

近地空间存在诸多的环境因素，主要包括高真空、微重力、原子氧、太阳辐射、地球引力场、地球电离层、地球磁场与磁层、空间带电粒子辐射、流星体与太空碎片等。这些环境因素会对载人航天活动产生大小不一的影响，甚至有些是致命的，如微重力环境。

微重力环境指物体的重力被与其方向相反的惯性力大部分抵消后，剩余微弱重力的环境。载人航天器在绕天然星体运动时，载人航天器的离心力抵消了绝大部分重力,加之载人航天器内有各种各样的效应可能引起类似重力的扰动,使得载人航天器内部呈现微弱的重力特征。在微重力环境下,主要有以下物理现象。

一是自然对流基本消除。二是二次作用力成为主要因素。液体因表面张力束缚,使浸润现象和毛细现象加剧。三是液体中由于物质密度不同引起的沉浮和分层现象消失。四是液体静压力消失。微重力环境对载人航天工程的影响主要包括影响载人航天器的对接与分离、影响太阳翼与天线的展开、影响航天员的生理功能等。

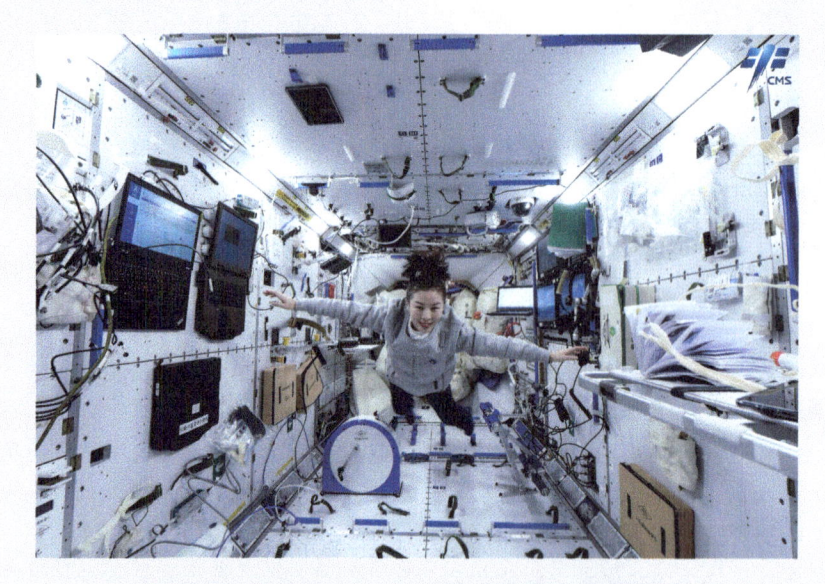

"神舟十三号"航天员王亚平因长期在轨驻留,脸部有些浮肿

在载人航天器内长期生活和工作的航天员,其健康、安全和工作能力会受到较大的影响。例如,在生理方面,微重力环境使作用于人体承重骨的压力骤减,同时,肌肉的运动量减少,对骨骼的刺激相应减弱,骨骼血液的供应也相应减少,这些会导致骨丢失并经肾脏排出体外。因此,航天员易骨折,并且体液中钙的含量增高,因而容易引起肾结石和软组织钙化。

肌肉的运动量减少会导致航天员肌肉萎缩。飞行时间越长,肌肉萎缩越严重。所以航天员返回地面后,常感觉全身无力,站立、行走都很困难。中长期航天飞行还会导致航天员出现心血管功能障碍、免疫功能下降、内分泌功能紊乱、工作能力下降等问题。

5 其他影响

太空中没有氧气，因此如果人直接暴露于太空，将会窒息死亡。如果没有外部大气压，人也会因为脏器破裂而丧命。所以载人航天器压力舱的密封性很重要，万一因各种原因失压，也要有应急措施，以保障航天员的安全。

载人航天器在升空和返回时会产生加速度，航天员要经受数倍于地球引力的超重过载，这相当于航天员要承受数倍于自身质量的压力，人体血液会受惯性力的作用由上身集中到下身，引发头部、上身缺血和视力障碍，严重时还可能引发晕厥。另外，载人航天器在升空和返回时，航天员要像婴儿一样躺在座位上或椅盆里，因为人体的胸–背向比头–盆向更能承受压力，如果坐着，超重产生的巨大压力容易损伤人的脊椎。

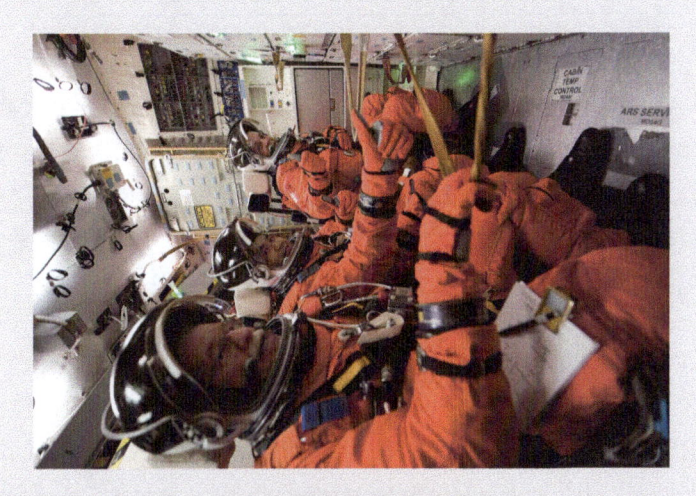

航天员躺在椅盆里等待升空

载人航天器在上升的过程中，火箭发动机会产生高强度的噪声和振动。载人航天器在返回地面的过程中，当高速穿过大气层时会产生巨大的气动噪声。载人航天器在轨道上运行时，虽然噪声会比上升段和返回段小得多，但是其噪声强度仍与繁忙交通路口的噪声强度相当，而且这种噪声在运行过程中会持续不断。强度不等的噪声会影响航天员的心率、血压和耗氧量，可能诱发心血管功能紊乱并降低航天员的工作效率。中国于2022年发射的"问天"实验舱工作区噪声可保持在60分贝以下，睡眠区可保持在50分贝以下，均满足相关医学标准要求。

在太空中，特别是在近地空间，普遍存在着微流星。微流星与航天器的相对速度为每秒数十千米，对航天飞行有重大威胁。抵抗微流星的撞击是人类设计载人航天器和航天服时面临的重要难题。微流星体积很小，当其数量较多时，就会对载人航天器造成难以估量的伤害。微流星的高速撞击会对载人航天器外壳产生砂蚀作用，载人航天器外壳的长期暴露会影响载人航天器各系统的性能。

太空碎片是废弃的火箭或各种航天器的残骸和它们爆炸或碰撞产生的碎片。太空碎片与航天器的相对速度在 0～16 千米/秒之间，低于微流星与航天器的相对速度，但是它始终和航天器一同在地球周围运动，与航天器发生碰撞的概率相对较高。微流星或太空碎片与航天器相撞，能使航天器的表面留下撞击坑或发生穿孔现象，甚至造成航天器表面的机械损伤。体积相对较大的太空碎片对航天员的伤害和对载人航天器的破坏都是致命的。

链接： 载人航天器一般绕近地轨道飞行，绕地球飞行一周大约需要 90 分钟，这就是说航天员 24 小时内会经历大约 16 个昼夜变化。长期生活在地球表面的人，心理、生理功能逐渐形成与此相适应的人体内环境平衡，当外部环境（昼夜周期）发生变化后，人在短期内不能适应，会出现一些生理功能紊乱现象，如睡眠障碍、容易疲劳等，同时工作效率会降低。

在近地空间，环境温度一般在 -100℃以下。太空是高真空环境，没有热量的传导和对流现象，在太空中飞行的载人航天器直接承受太阳辐射，其向阳面和背阳面的外表温度变化十分剧烈，向阳面的温度可高达 100℃以上，而背阳面或在阳光照不到的阴影中，温度则在 -100℃以下。在载人航天器重返大气层阶段，高速飞行的载人航天器与大气剧烈摩擦，外表会产生几千摄氏度的高温，这样的高温对于航天员来说是致命的。为了让航天员生活在一个温度相对适宜的环境中，载人航天器必须有良好的热设计和舱内温度控制能力。

载人航天器空间狭小，并存在机器运行产生的单调噪声，因此长期在轨驻留会对航天员的心理产生较大影响。所以，在航天员的训练过程中，心理训练贯穿始终。在航天飞行乘组的选拔过程中，心理相容性是选拔时考虑的重要因素。乘组中如果有女性航天员，则同组航天员的心理调解效果会更好一些。航天员进入太空后可以使用心理舒缓系统、听音乐、看电视等，也可以与地面心理医生、家人交流。

航天员有几种职业类型？怎样对预备航天员进行医学选拔？

科学选拔和培训航天员对完成载人航天飞行任务具有重要意义。截至2023年年底，中国通过"神舟五号"到"神舟十七号"将20名航天员送入太空并顺利完成任务，这表明中国航天员的选拔和培训是科学、有效的。

1. 超高标准

因为载人航天活动具有任务艰巨、技能复杂、环境特殊、危险性高等特点，航天员需要克服失重、超重、缺氧、孤独、振动、噪声等一系列困难，所以航天员的生理条件、心理素质等都要达到很高的水平。一般来讲，航天员需要满足以下条件。

第一，航天员要有强烈的事业心和献身精神。载人航天风险很高，全人类已有20多名航天员壮烈牺牲。

第二，航天员要有良好的身体素质。航天员的身体没有肢体障碍，没有外伤及其后遗症，不能患有潜在慢性病、精神与神经病；喜欢抽烟和喝酒的人不能担任航天员，因为舱内空间狭小，设备多，吸烟会污染空气并容易引发火灾，喝酒会诱发体内潜在疾病，干扰正常工作。

链接：有些人曾经生过一些病，如哮喘、耳鸣和贫血等，或这些人虽然没有生过某些病，但是家族有某些病的遗传史或有人生过某些病，这些人都不能担任航天员。因为当人身处太空时，多种环境和工作因素有可能导致旧病复发或诱发新的疾病。

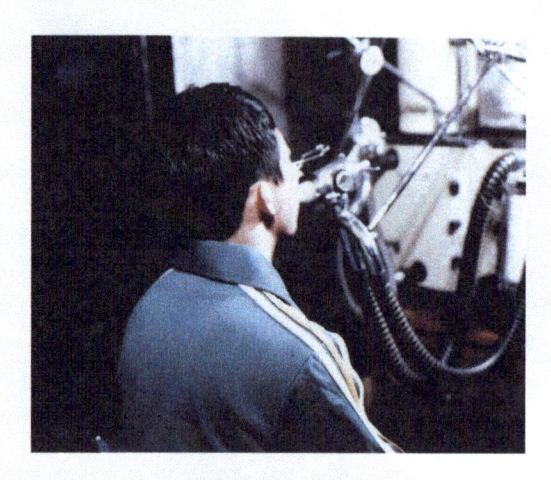

测试申请人的肺功能

第三，航天员要有良好的心理素质。航天员要胆大心细、遇事不慌，善于控制情绪，能与他人和睦相处。

第四，航天员要有较高的科学文化水平。载人航天是一个高度综合的领域，航天员需要接受航天技能的训练，以便承担复杂的航天任务。

第五，航天员要有非凡的工作能力和丰富的工作经验。航天员要能够独立并实时处理险情。从飞行员中选拔航天员的原因之一就是他们具有多年的飞行实践经验。

链接：中国第一批、第二批航天员中的男性航天员都是从歼击机飞行员中选拔的。因为他们的工作环境和具备的素质与航天员最接近。歼击机的起飞和着陆速度都很快，操作复杂，尤其是超声速飞行、高空飞行和各种高难度的特技动作，要求飞行员能够习惯高低气压迅速变化带来的不适，在承受超出体重数倍载荷的情况下仍能正确操控飞机，这与航天员的工作有"异曲同工"之妙。此外，歼击机飞行员一般处理过空中的紧急情况，比如很多歼击机飞行员有过空中紧急跳伞、发生故障紧急处理等"特殊"经历。

航天员的选拔对于航天员的训练乃至最终完成载人航天飞行任务具有重要的奠基意义。

但是，针对不同类型的航天员、不同载人航天器的航天员、担负不同任务的航天员，有不同的选拔标准和训练要求，包括申请人的基本条件、身体素质、心理素质、知识储备和操作技能等方面的内容。对申请人的检查与评估具有全面、系统、多阶段、不间断和动态等特点。在选拔时，采用单项评定与综合评定相结合、定性与定量相结合的原则和方法，既有单项淘汰，也有综合评定。

2 三种类型

参与早期载人航天活动的航天员是不分类的，中国的第一批、第二批航天员就是这样的。随着载人航天器越来越大，在轨时间越来越长，进入太空的航天员越来越多，所需执行的任务越来越复杂，需要对航天员进行专业分类。中国从第三批航天员的选拔和训练开始，将航天员分为飞行专家（指令长和航天驾驶员）、任务专家（航天飞行工程师）和载荷专家（科学家）三类。

飞行专家主要包括指令长和航天驾驶员。他们除了要驾驶载人航天器，还要负责飞行安全，协助其他专家监视、控制与维护载人航天器的仪器设备。指令长是航天飞行乘组的领导，要负责飞行任务的规划和实施、飞行指挥、通信联络等，兼任航天驾驶员。航天驾驶员负责载人航天器的飞行、检修和维修，如果指令长"不在状态"，航天驾驶员也可接替指令长的工作。

随着载人航天活动的不断发展，尤其是寿命长、体积大、用途广的空间站问世以后，人类在太空中开展了各种复杂的技术试验和科学实验。例如，出舱维修和组装载人航天器，操纵机械臂施放或回收卫星，进行望天观地等科学研究和实验。这些活动主要由任务专家负责完成。为此，任务专家需要进行操作空间站各系统和一般载荷的全面训练，需要精通所有飞行任务实施要求、载荷任务的目的和要求及其运行管理，从而参与制订飞行任务计划，协调所有载荷实验与空间站之间的相互关系，负责完成载人航天器的维护和各个载荷的管理。

曾担任"国际空间站"站长的美籍华裔航天员焦立中

　　载荷专家是携带特定仪器设备,在载人航天器上从事特定的科学实验、生产特定的太空产品、收集特定的研究数据的科技人员。他们与地面载荷指控中心直接通信,进行专项研究活动并负责维护和修理自用仪器与设备。需要注意的是,载荷专家大多为非职业航天员,完成航天任务后一般会回到原工作岗位。

　　由于生理等原因,目前女性航天员主要作为任务专家或载荷专家执行航天任务。

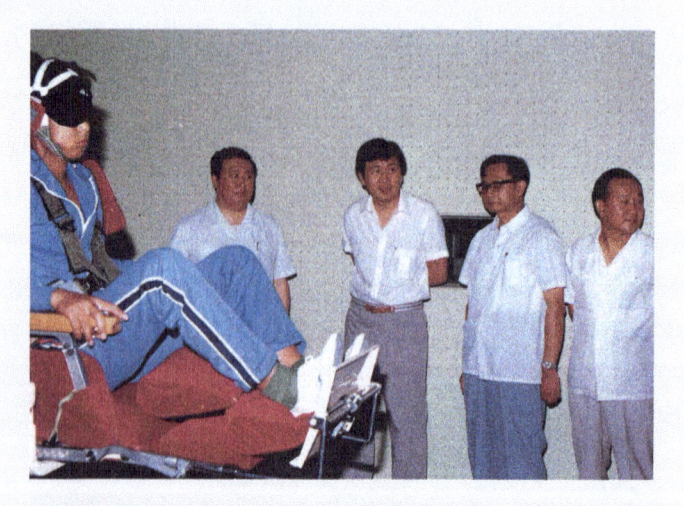

美籍华裔航天员王赣骏(右三)曾以载荷专家的身份在航天飞机上完成了流体力学实验。图中所示为他曾到中国航天医学工程研究所参观

链接： 中国载人航天工程办公室 2022 年 10 月宣布，为满足载人航天工程后续飞行任务需要，中国第四批预备航天员选拔工作已于 2022 年启动。本次共选拔 12～14 名预备航天员，包括飞行专家 7～8 名，任务专家和载荷专家共 5～6 名，其中载荷专家 2 名左右。飞行专家在陆、海、空三军现役飞行员中选拔，任务专家在从事航空航天工程及相关领域的科研和工程技术人员中选拔，载荷专家在从事空间科学研究及应用相关领域的科研人员中选拔。

在身体条件、心理素质、航天环境的耐受性和适应性方面，对飞行专家的要求最严、标准最高，对任务专家的要求次之，对载荷专家的要求相对最低。

3 千挑万选

目前，男性航天员与女性航天员的选拔标准和过程基本一样，因为严酷的太空环境对所有人都是一样的。他们都要经历预备航天员的选拔、训练期航天员的选拔、航天飞行乘组的选拔 3 个阶段，而且越来越复杂，这是因为第二、第三阶段的选拔不仅要考察航天员的身体素质和心理素质，还要考察航天员的科学文化水平和技能水平，以及航天飞行乘组整体效能等各方面的情况。这里率先讲解预备航天员的选拔。

预备航天员的选拔是指从申请人中选拔出达标的可参训者。这种选拔通常要经过基本资格审查、临床医学选拔、生理功能选拔、心理素质选拔、航天环境适应性训练等。其实施一般分为初选、复选、定选 3 个环节，时间为 1 年以上。

初选是进行基本资格审查，主要包括通过门诊检查与了解申请人的年龄、身高、健康、心理和学历等，筛除有明显疾病和功能障碍的人。另外，飞行专家申请人一般要有 1000 小时以上的歼击机飞行经验，任务专家和载荷专家申请人要有相关的工作经验、较强的工作技能和独立的工作能力。该阶段通常会安排面试，对申请人是否适合做航天员进行评估，会提一些最能体现申请人性格的问题，比如有什么爱好、对什么最感兴趣、在以往的工作中喜欢哪些事项、为什么要当航天员等。

复选是对初选合格者进行全面、深入而细致的医学、生理、耐力和心理等检查，也是预备航天员选拔的最重要一环，以了解申请人有无临床上尚没有表现出来的潜在疾病，确定申请人机体功能的储备能力、调节能力、航天环境耐受能力和心理状况。

进行复选时，申请人要住院一段时间进行临床医学选拔，包括临床各科常规检查，以及详细的实验室生化检查和影像检查等特殊物理检查。通常有内科、外科、眼科、神经科、精神科、五官科、口腔科等检查，凡有痛风、皮炎、眩晕、色弱、鼻炎和龋齿等疾病的申请人均不合格。据悉，动过阑尾炎手术的申请人一般不受影响。另外，轻度近视的人戴眼镜后可担任任务专家和载荷专家。可能有人要问：为什么对航天员口腔的要求很严格？这是因为牙病会给航天员带来明显的痛苦和危险。

有人认为，临床医学选拔是最关键的一关，生理功能选拔是最基础的一关，航天环境适应性训练是最难的一关，心理素质选拔是最重要的一关。

为了优选出身体健康、身体素质好且对航天环境有较高耐力和适应性的人，航天员医学选拔分为临床医学选拔和生理功能选拔两大部分。临床医学选拔分为三级，飞行专家必须达到Ⅰ级，任务专家要达到Ⅱ级，载荷专家要达到Ⅲ级。

临床医学选拔一般采用病史调查、临床各科常规检查、特殊检查三种方法，以淘汰有器质性、功能性疾病或障碍等不符合临床医学选拔标准的申请人。

通过病史调查全面了解申请人及其亲属的病史，包括是否有眩晕、耳鸣、夜盲、贫血、过敏、糖尿病、精神病、哮喘病、高血压、晕车晕船、颅脑损伤、慢性传染病和癫痫心血管疾病等病史，可以发现一些潜在疾病。

临床各科常规检查主要包括内科、外科、眼科、神经科、口腔科、精神科、五官科、妇科等。通过内科检查，要筛除有痛风、高血压、冠心病、肺结核、肝炎史、肥胖症、慢性腹泻、低血糖症、糖尿病史、甲状腺疾病、习惯性便秘、肝功能异常、过敏性体质、支气管哮喘、胃肠功能紊乱、慢性支气管炎、血液系统疾病、肝炎病毒携带者、心脏和血管畸形、类风湿性关节炎史、急/慢性肾脏疾病史等的申请人。

通过外科检查，要筛除有牛皮癣、骨质疏松、神经性皮炎、颅内手术

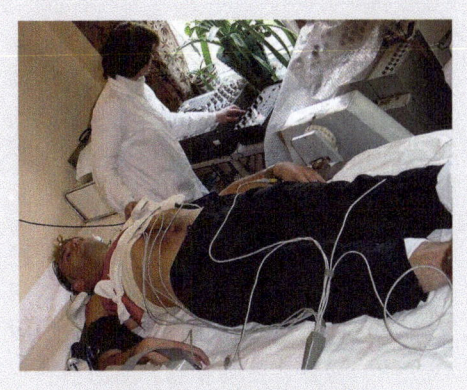

史、椎间盘脱出、关节活动异常、骨畸形或骨折史、皮肤瘙痒症史、腹腔器官手术史和脊柱疾病或损伤等的申请人。

通过眼科检查，要筛除有色盲、色弱、青光眼、眼部肿瘤、角膜疾病、眼球突出、小眼畸形、白内障及晶状体疾病、夜盲或暗适应能力差等的申请人。

对申请人进行心血管系统检查

通过神经科检查，要筛除有眩晕、晕厥、癫痫、发作性睡病及病史、中枢神经系统疾病、偏头痛及反复发作的头痛、自主神经系统疾病及其功能异常等的申请人。

通过口腔科检查，要筛除有严重牙龈炎、慢性牙周病和多发性龋齿等的申请人。

通过精神科检查，要筛除有抑郁症、躁狂症、人格障碍、酒精与药物嗜癖史、精神分裂症及其他精神病性障碍、意向控制障碍等精神与行为障碍或病史等的申请人。

通过五官科检查，要筛除有外耳畸形、慢性鼻窦炎、听力未达标、慢性咽喉炎、过敏性鼻炎、慢性外耳疾病、耳气压功能不良等申请人。

通过妇科检查，要筛除怀孕者、有子宫及其附件的任何急性和慢性疾病、复发性卵巢囊肿病史或子宫出血病史、生殖泌尿系统或附属解剖结构的任何致残障碍等的女性申请人。

链接： 通过心电图、脑电图、内窥镜检查、超声波检查、X射线检查和核磁共振成像检查，以及各种化验等特殊的物理和实验室检查，筛除有疑难病和更深层次的疾病等的申请人。

生理功能选拔是指对申请人的脑功能、肺功能、心血管功能进行测评，了解其机体储备能力和调节能力，进一步挖掘潜在疾病，发现功能异常者，并从功能上优选出调节功能好、机体储备能力强、特殊环境因素耐力和适应性好、有利于完成航天飞行任务的申请人，并进一步检查申请人有无癫痫等潜在疾病或功能障碍。

通过心电图、跑台、血压计、自行车功量计等多种设备对申请人静态和动态的脑功能、肺功能、心血管功能等进行一般生理功能检查，要筛除有潜在性心肺功能障碍等问题的申请人，选拔出在应激状态下保持较好适应能力的人。

航天环境适应性训练是航天员选拔乃至训练中最具特色的项目。它是通过高空减压病易感性检查、低气压缺氧耐力和耳功能检查、前庭功能检查、超重耐力适应性检查、下体负压耐力检查、头倒位耐力检查、高温和孤独耐力检查、振动和噪声耐力检查等，优选出特殊环境因素耐力和适应性好的申请人，并进一步检查申请人有无潜在疾病或功能障碍。其中的超重耐力适应性检查对申请人是一个严峻的考验，申请人要承受相当于自身体重十几倍的压力，凡是没能按规定完成检查，以及在检查中或检查后出现虚脱、呕吐等症状的申请人都会被淘汰。

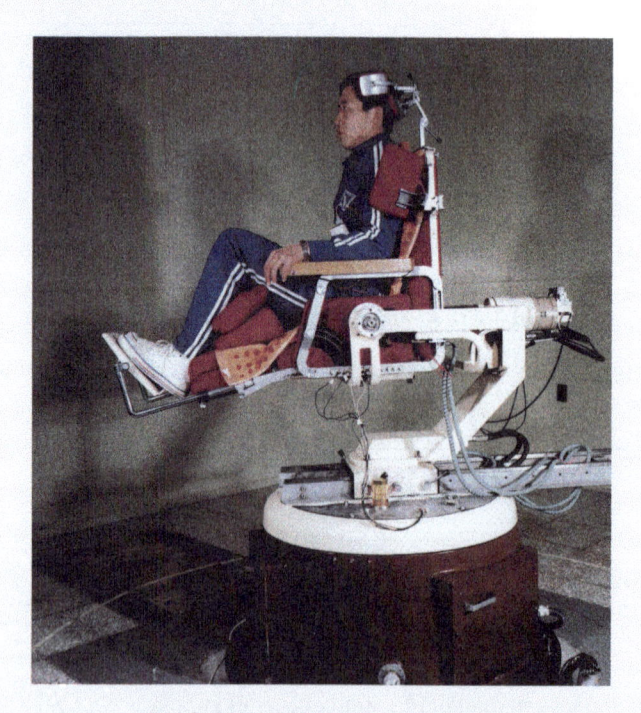

通过多功能转椅检测申请人的前庭功能

定选又称评定录取，该阶段的主要任务是对候选者各项检查结果进行综合评价，最终确定参加训练的合格人选。

中国航天员的选拔有何不同？为什么要进行训练期航天员的选拔？

1. 中国英豪

中国第一批航天员的选拔标准是：年龄为 25～35 岁，身高为 1.60～1.72 米，体重为 55～70 千克，男性，飞行歼击机 600 小时以上，有坚定的意志、献身精神和良好的相容性，具备大专以上学历且飞行成绩优秀。无等级事故，无烟瘾、酒瘾，最近 3 年体检均为甲等。稍微矮一些的航天员的脊柱会短一些，这对着陆冲击的耐受力而言较为有利。

在第一批航天员的选拔过程中，经过层层推荐审核，中国从全军挑选出 1506 名符合条件的歼击机飞行员。接下来就是进行一轮又一轮的选拔，体检结束，1506 人中剩下了 886 人；一轮大淘汰后，有资格参加复选检查的仅剩 60 人；紧接着又一轮淘汰，最后剩下 30 多人，这 30 多名申请人被安排前往中国航天员中心接受生理功能检查，这是他们从飞行员队伍迈进预备航天员队伍的最后一道门槛。他们经过了以下几关的考查。

第一关，用离心机接受超重检测，考查受检者身体承受重力的极限。

第二关，在压力试验舱内接受缺氧耐力检查，氧气渐渐被抽走一部分，相当于海拔高度向 5000 米、1 万米不断上升。

第三关，蒙住受检者双眼并让他坐在旋转座椅上，在 6 米摆长的电动秋千上荡 15 分钟，由此考查受检者的抗晕能力。

第四关，对受检者施加不间断的噪声和振动侵扰，考查受检者是否会烦躁不安。

第五关，受检者在头低脚高的倾斜床上猛起、猛躺，测量其颈动脉血流量和心脏负荷能力，接下来还要完成下体负压耐力检查等各种测试……

这样的测试要持续好几个月，最后，只有 20 名申请人成功过关。

1997 年 4 月，中国载人航天工程指挥部从受检成功者中录取了 12 人作为预备航天员，他们是杨利伟、费俊龙、聂海胜、翟志刚、刘伯明、景海鹏、刘旺、张晓光、邓清明、陈全、赵传东、潘占春,加上之前在俄罗斯受训的 2 名战友,即吴杰和李庆龙,中国第一批航天员共有 14 名。

中国第一批航天员

1998 年 1 月 5 日,14 名航天员进入北京航天城,正式由空军部队移交给国防科工委管理,中国人民解放军航天员大队正式宣告成立。

中国第二批航天员的选拔标准是:年龄为 30 ~ 35 岁,身高为 1.62 ~ 1.75 米,体重为 50 ~ 74 千克,均已婚,要求女性航天员已婚未孕,平均飞行时长为 1270.7 小时。

链接: 中国第二批航天员选拔工作于 2009 年 5 月全面启动,2010 年从空军现役飞行员队伍中选拔出 5 名男性航天员和 2 名女性航天员。7 名航天员都具有本科学历,平均年龄 32.4 岁,均已婚,其中 5 名男性航天员均是现役空军歼(强)击机飞行员,2 名女性航天员均是现役运输机飞行员。他们除具有思想作风好、政治素质高、心理稳定和临危不乱等"软性"条件外,还具有高超的飞行技术、丰富的飞行经验和强健的体魄。

中国航天员大队第二批 7 名航天员为刘洋(女)、王亚平(女)、陈冬、汤洪波、叶光富、蔡旭哲、张陆。

女性航天员刘洋、王亚平原在空军运输航空兵部队服役。在第二批预备航天员初选中，女性申请人一直是关注的焦点。男性航天员和女性航天员的选拔与训练标准基本一样，研究发现，女性航天员执行任务时在某些方面的感觉更敏锐、心思更细腻、考虑问题更全面、沟通能力更好，在微重力环境下女性航天员的雌激素和镁的代谢优于男性航天员，体内铁含量低，比较适合长期太空生活。

中国第三批航天员的选拔工作于 2018 年 5 月启动，2020 年 10 月从约 2500 名申请人中选拔出符合条件的 18 名预备航天员（含 1 名女性），包括 7 名飞行专家、7 名任务专家、4 名载荷专家。飞行专家仍是从歼（强）击机飞行员里选拔的，任务专家是从与航空航天相关的工程师里选拔的，他们主要负责直接操纵、管理航天器，以及开展相关技术试验。载荷专家是从科学家里选拔的，主要负责空间科学实验载荷的在轨操作。

2 训练选拔

成为预备航天员后也不能保证可以执行航天飞行任务，因为受检查条件的限制，有些疾病或思想、身体、心理、训练等方面的问题只有在接受一定生理和心理负荷的训练中才能暴露出来。例如，通过进行航天环境适应性训练，可以进一步了解预备航天员在这些条件下的耐受性；通过跳伞、隔绝训练和失重飞机飞行训练等，可以了解预备航天员的身心反应。因此，预备航天员还要经历训练期航天员的选拔这个阶段。

训练期航天员的选拔是为了在训练过程中（包括野外生存训练等）全面考察预备航天员的作风、知识与技能等各个方面，尤其是要深入进行医学检查和心理观察，了解他们在各种训练中的反应和心理相容性，从而发现预备航天员在思想、身体、心理和训练等方面出现的新问题。在训练期间，每名预备航天员每年都要进行全面的医学检查，只有在训练全过程中考评合格才能成为正式的航天员。

航天员通过了训练期航天员的选拔后仍不是"万事大吉"，他们还要通过航天飞行乘组的选拔才能执行航天飞行任务。航天飞行乘组的选拔是指为执行某次航天飞行任务而从合格的预备航天员队伍中选拔出最佳航天飞行乘组。该选拔贯穿于某次航天飞行任务训练的全过程，直至发射当天才结束，它不但可以评价每名航天员，还可以评价航天飞行乘组的整体效能。已执行过航天飞行任务的航天员如果要再次执行新任务，需要重新参加航天飞行乘组的选拔。

训练期航天员进行高寒区着陆野外救生训练

链接：通过训练期航天员的选拔的航天员能否有机会执行航天飞行任务，与其具体要执行的航天飞行任务是否有需要有很大关系。有的航天员要等待几年才有执行航天飞行任务的机会，有的甚至直到退役也没有这类机会。中国1998年选拔了第一批航天员，共计14名，虽然他们在训练期航天员的选拔中全部合格，但是由于在中国载人航天工程的第一、第二阶段，发射的"神舟"系列载人飞船的次数很少，航天飞行乘组的选拔只能优中选优，因此其中5名航天员直到退役也没有执行航天飞行任务，他们都是无名英雄。

一个航天飞行乘组通常由不同类型的航天员组成，执行的航天飞行任务与航天员的身体和心理素质、各项训练的综合成绩、乘员之间的心理相容性、所要执行的航天任务特点和要求等密切相关。航天飞行乘组中的每名乘员分别承担不同的任务，他们必须各司其职、协同配合，才能一起完成航天飞行任务。因此，要对航天飞行乘组进行综合评定和选拔。

例如，载人飞船的航天飞行乘组通常由3人组成，一般包括1名飞行专家、1名任务专家和1名载荷专家；航天飞机的航天飞行乘组通常由7人组成，一般包括2名飞行专家，5名任务专家和载荷专家。航天飞行乘组乘员之间的团结一致、密切配合对保证航天飞行乘组高效工作和圆满完成任务非常重要。

3 整体效能

在为某次载人航天飞行任务选拔航天飞行乘组时，一般要选拔出适合该次飞行、满足任务要求的各类航天员若干名，然后按照他们的经验、能力、个性特征、技术水平组成合适的航天飞行乘组进行训练。为了更好地完成载人航天任务，通常选择能力和技术水平、个人身心素质相当，心理相容性好的航天员组成一个航天飞行乘组。因为航天飞行乘组的选拔不仅要对航天员个体做出评价，更重要的是必须对航天飞行乘组的整体效能做出评价。

航天飞行乘组的选拔直至发射当天才宣告完全结束，包括选拔出合适的航天飞行乘组和备份乘组。在发射前的训练和任务准备过程中，航天飞行乘组中只要有1名航天员出现异常，该航天员就有可能由备份航天员顶替，该航天飞行乘组也可能由备份乘组顶替。例如，有的航天员在发射前的训练中突然出现伤病，就需要被临时换下。

通常在执行载人航天飞行任务前6个月～2年要确定航天飞行乘组，从而使航天飞行乘组有充裕的时间进行训练，熟悉所要执行的任务，相互了解，如果有问题还要及时调整。

"神舟九号"航天飞行乘组指令长景海鹏（中）、航天员刘旺（左）、航天员刘洋（右）

🔗

链接：选拔航天飞行乘组的标准一般由单项评价标准、综合评价标准、射前乘组确定标准、选拔动态调整预案组成，包括政治思想、医学检查、心理素质、知识与技能、综合评定等方面的评分内容，采用由单项考评至综合评定，由个体评价至乘组整体评价的方法。当然，这些标准和方法也随着载人航天事业的发展而不断地被调整、改进和完善，尤其对于参加长期航天飞行的航天员选拔来说这些调整更是必要的。

为什么杨利伟能成为中国航天第一人？他在执行航天飞行任务过程中遇到了哪些挑战？

截至 2023 年年底，中国发射了 13 艘"神舟"系列载人飞船，将 12 个航天飞行乘组、20 名航天员送上了太空。其中，航天员杨利伟在 2003 年首次勇闯太空为后来的中国航天员陆续执行航天飞行任务奠定了坚实基础。

1. 中国的第一

2003 年 10 月 15 日升空的中国首艘载人飞船"神舟五号"的航天员的选拔流程是先在中国第一批航天员中筛选出 3 名申请人，并排定递补顺序，最后各方面出类拔萃的杨利伟成为中国航天第一人。

杨利伟有许多过人之处，主要体现在以下三点。

一是熟练掌握复杂的操作技能，在发生意外情况时从容不迫、沉着应对。

二是有献身精神，能适应航天探险活动。

三是有极好的心理素质，可以坦然面对外界的各种压力，不骄不馁。

在中国航天员首飞太空的"神舟五号"任务中，杨利伟有着一以贯之的冷静。在上升和返回时，航天员要承受相当于自身体重十几倍的压力，呼吸会变得十分困难，杨利伟也泰然处之。他在太空中还与地面有过多次"天地对话"，语调平稳，与在地面训练时没有什么不同。

杨利伟于1965年出生，事业心从小就很强，不管做什么事情都想做到最好，并立志长大要当一名飞行员。他在1987年毕业于空军第八飞行学院，曾驾驶过歼击机和强击机等，安全飞行1350小时，被评为一级飞行员。

1996年，杨利伟参加了航天员选拔，1998年1月正式成为中国第一批航天员。他身体好、爱钻研、乐于奉献、协同意识强。第一次考试，除从俄罗斯留学回来的2名教员外，他在新选拔的12名航天员中名列第一，在最艰难的基础理论考试中他的成绩也是全优。

链接： 航天员的训练是非常艰苦的，尤其是航天环境适应性训练。比如在超重耐力适应性训练中，航天员要承受相当于自身体重十几倍的压力。当家人问杨利伟训练苦不苦时，他说："不苦，因为我热爱这个职业，做一名航天员是我的梦想，所以再苦再累也不觉得。况且，我在练习中不断体验，不断总结经验，及时与教员沟通，慢慢地也琢磨出规律和方法，这项严格的训练对我来说也就越来越轻松了。"

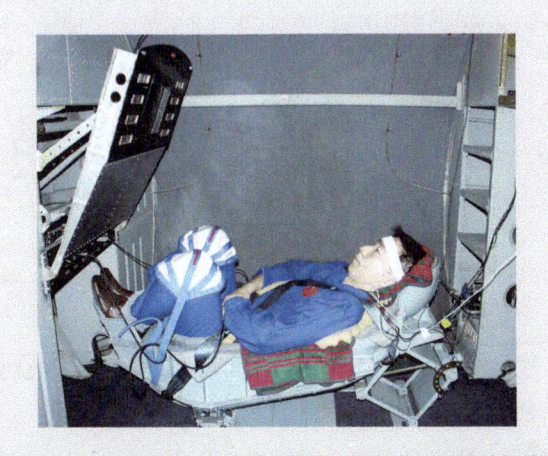

在离心机座舱内，杨利伟在飞船座椅上就位，准备进行超重耐力适应性训练

经过5年多的训练，杨利伟具备了在太空中工作和生活的能力，以优异

的成绩完成了基础理论、航天环境适应性、专业技术等八大类58个专业的所有学习任务，以及身体、心理、技术训练任务，顺利通过了航天专业技术综合考核。

2 成功秘诀

杨利伟似乎有与生俱来"当第一"的超常素质，但这绝不是天生的。从尖子飞行员到航天员的非凡经历造就了他的可贵品质，他既有坚韧不拔的顽强意志，又有精细严谨的良好习惯。杨利伟出类拔萃之处就在于他既聪明又刻苦。他刚成为航天员时，基础理论与他人相比并不是很好，一年之后，他就名列前茅了。

杨利伟总能通过仔细分析客观条件找准突破点，通过主观努力去争得主动。在模拟舱训练中，14名航天员轮流进舱操作，每个人的训练时间有限。为了实现更好的训练效果，他用摄像机把模拟舱内的各种电门、仪表拍摄下来，输入计算机，编辑成模拟舱的直观景象，以便利用更多的时间熟悉、记忆。在强化训练中，有一个"数据管理失效"应急程序，适用场景为：飞船进入太空后一旦计算机管理程序失效，航天员要马上改为手动操作应急返回。该应急程序一共有30多道指令、50多个动作，杨利伟很快就将它们熟练掌握了。

自信心是杨利伟取得成功的关键。在2003年国庆期间，他休假3天。虽然距离执行中国首次载人航天飞行任务只有半个月了，但是他在家做家务、带孩子，非常轻松。他对父母讲："相信儿子的实力，相信我们国家的科技水平，党和国家培养了我这些年，我对飞行程序和操作程序已是滚瓜烂熟，闭上眼睛，哪个仪器在哪儿都能找到。我相信自己有能力完成这项任务。"

凭借过硬的本领，他排除了很多故障，保证了一次次飞行训练的成功。他的自信来自平时严肃认真的工作作风和熟练的技术。在最后阶段的专业技术考核中，教员为他设置了许多故障和陷阱，他都能很快地发现并排除，每次考核结束后，教员都要问他："操作有没有失误？"他总是自信地回答："没有失误。"

杨利伟能够成为中国首位执行载人航天飞行任务的航天员，主要靠自身的强大实力。

3 准备充分

杨利伟成为首位进入太空的中国航天员，是非常不容易的。杨利伟对完成"首飞"任务充满了必胜信心。他的自信不仅表现在热情和意志上，更表现在对自身适应能力的冷静分析上。杨利伟说，"首飞"中最大的挑战有两个方面：一个是进入太空后的空间运动病，另一个是一旦采用弹道式再入方式应急返回时出现的过载。对于这两个方面的挑战，他早就做好了主动适应的准备。

杨利伟平时学习了不少俄罗斯和美国的有关空间运动病的资料，很早就有意识地在训练中加强了这方面的自我锻炼。转椅训练是很难受的，但是他每次都坚持做最长的时间、做最大的动作，主动提升这方面的训练强度。训练到后期，教员甚至会说他可以免试转椅训练这个科目。

链接： 载人飞船升空后一旦发生意外情况，采用弹道式再入方式应急返回时航天员要承受大约 8.5g（g 为重力加速度）的过载，即相当于 8.5 倍的自身体重压在身上。为了抵抗这种过载，杨利伟通过长期刻苦训练积累了丰富的体能储备。他在离心机上做到 8g 过载时心率仍能控制在 110 次/分钟。

杨利伟（中）与另外 2 名航天员进行野外生存训练

在"神舟五号"载人飞船发射的前一天晚上，即 2003 年 10 月 14 日晚，杨利伟才得知自己被确定为"首飞"航天员。当时他只是感到自己比较幸运，同时也感到责任重大，使命艰巨，心想一定要很好地完成任务。当时他的心情是比较平和的，也没有多想。

2003年10月14日20:00，杨利伟在做完体检之后就去休息了，睡得还挺好，一直到15日02:00医生把他叫醒。洗漱之后医生首先给他做了体检，然后他吃了些面条和饺子。饭后，他在简单休息了一小会儿之后看了一遍工作程序，05:20杨利伟出发了，从驻地到发射场用时15分钟。

2003年10月15日05:50左右，在微明的天色中，当中央首长和工程总指挥等人将杨利伟送至百米发射塔架9层电梯口后，早就在舱口待命的几位工作人员迎来了即将出征的航天员杨利伟。06:00，杨利伟起身进舱，接着飞船工程师锁上了轨道舱门，随后，舱门最后的检漏工作顺利完成……

4 迎接挑战

伟大的时刻终于来临。2003年10月15日09:00，杨利伟乘坐"神舟五号"载人飞船直冲太空，成为中国航天第一人。但是此次"首飞"并不顺利。

"神舟五号"载人飞船刚升空时非常平稳，甚至比电梯还平稳。杨利伟感到压力远不像训练时那么大，心里放松了一些，全身绷紧的肌肉也渐渐放松下来。火箭逐步加速后，他感到压力在渐渐增强，但是变化幅度比训练时要小一些。火箭上升到30~40千米的高度时，火箭和飞船开始剧烈抖动，产生了共振，这使杨利伟感到非常痛苦。因为人体对10赫兹以下的低频振动非常敏感，它会使人的内脏产生共振。而这时不单单是共振的问题，而是这个新的共振叠加在了大约6g的负荷上。杨利伟从来没有训练过这种共振与负荷叠加的情况，意外出现了。共振频率以曲线形式变化着，杨利伟痛苦的感觉越来越强烈，五脏六腑似乎都要碎了。他几乎难以承受，觉得自己快要牺牲了。但是当时杨利伟的头脑仍然非常清醒，认为飞船起飞时就是这样的。其实，这种共振并非正常现象。

共振持续26秒后慢慢减轻。杨利伟从极度痛苦的状态中解脱出来，一切不适都不见了，感到一种从未有过的轻松和舒服。"首飞"完成后杨利伟详细描述了这个复杂过程。经过分析研究，科研人员认为，飞船的共振主要来自火箭的振动，随后改进了技术工艺，解决了这个问题。

另外，作为中国航天第一人，杨利伟还遇到了一些其他没有预案的难题。例如，当飞船刚刚进入轨道，处于失重状态时，他产生了一种"本末倒置"的感觉，即明明是朝上坐的，却感觉脑袋朝下。他努力克服这种错觉，几十分钟后，终于调整过来了。

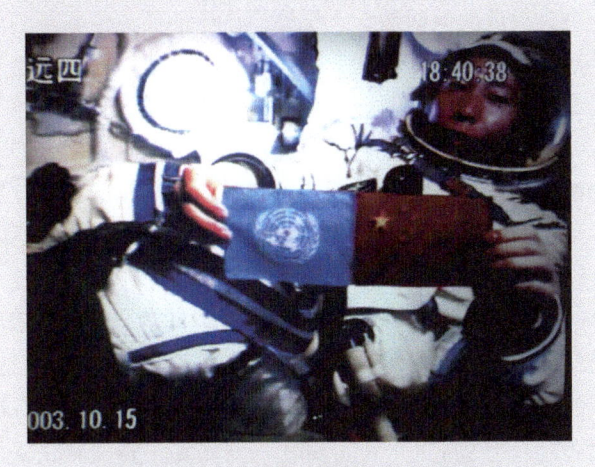

杨利伟在太空中并列展示五星红旗和联合国旗

在此后的飞行中，杨利伟解开了束缚去拿程序本。他在上面写道：为了全人类的和平与进步，中国人来到太空了。在整个过程中，杨利伟一直在想着程序和操作，没有时间紧张，没有恐惧，一切都是严格按照程序去做的。

在航天飞行中，杨利伟要执行200多项操作，这些操作是程序规定的。在失重的飞船里戴着手套用手持操作棒点击计算机键盘的操作是十分困难的，但是杨利伟万无一失。他还在飞船上发出过很多指令，最精细的是"倒计时3秒"指令，操作得丝毫不差。

链接： 在操作这些程序之余，杨利伟也做了一些其他事情，例如，吃东西、喝水、体验在失重状态下的飘浮动作，以及一些运动和摄影。杨利伟用摄像机拍摄了很多东西，比如北极那边白雪皑皑，从飞船舷窗看到太阳能电池翼和地球形成一个角度，特别是当他看到太阳光照在太阳能电池翼的帆板上时感觉很美。

5 艰难返回

在完成预定任务后,"神舟五号"载人飞船返回舱于2003年10月16日早上5时许开始返回。在返回过程中,杨利伟也遇到了一些超出预想的麻烦,使他变得紧张甚至惊慌。

首先是快速行进的返回舱与大气摩擦产生的高温使右侧的舷窗出现了"裂纹",杨利伟感到非常紧张,汗水都流出来了,认为舷窗要破损了。当右侧的舷窗"裂"到一半时,左侧的舷窗也开始出现"裂纹"。这个时候杨利伟反而放心了一些,哦——可能没有什么问题!因为如果是故障,重复出现的概率并不高。杨利伟后来才知道,返回舱的舷窗外覆盖了一层防烧涂层,是这个涂层烧裂了,而不是玻璃窗本身出现了问题。为什么两侧舷窗没有同时出现裂纹呢?因为使用了不同的材料。

返回舱在距离地面10千米高度处打开了伞舱盖,并迅速带出引导伞。这是一个剧烈的动作。舱内能听到"砰"的一声,非常响,高达164分贝。返回舱的瞬间过载很大,给杨利伟带来的身体冲击非常明显。接下来是一连串的快速动作。引导伞出来后,会迅速将减速伞带出来,减速伞使返回舱减速下落,16秒之后减速伞再将主伞带出来。每次开伞的力量都相当大,返回舱晃得很厉害,让人不知所措。

当时杨利伟感到有很强烈的超重感,仪器显示有3~4g的过载,不过他在地面训练时最大过载达到过8g。返回舱落地的瞬间,杨利伟感到有一个很强烈的冲击,身体感觉特别重,当时是头向下,胸背感到有压力。

在地面训练时杨利伟针对各种复杂着陆情况进行过严格、反复的训练,因此能够很快适应落地时的状态。

返回舱落地时动能较大,所以被弹了起来。在返回舱第二次落地时,杨利伟迅速按下了切伞开关,飞船停住了。时间是2003年10月16日06:23。那一刻四周寂静无声,舷窗漆黑一片,看不到外面的任何景象。过了几分钟,杨利伟隐约听到外面喊叫的声音,手电的光束从舷窗上透了进来。杨利伟知道,搜救人员找到返回舱了,外面来人了!

"神舟五号"载人飞船返回舱着陆后杨利伟自主出舱

着陆后杨利伟非常高兴，因为他知道他平安回到了地面，这意味着此次载人航天飞行任务的成功。他在舱内躺了一小会儿，以便适应地面环境。他还立即与地面搜救人员进行了联络，大约两三分钟后，舱外工作人员开始开舱，杨利伟在舱内开舱。工作人员询问他感觉怎么样，杨利伟说感觉挺好。当杨利伟走出舱门，又一次脚踩土地时，他为祖国感到骄傲。

> **链接：** 总的来讲，杨利伟在整个航天飞行过程中的状态调整得很好，十分冷静，完全按照工作程序开展工作，睡眠、食欲都不错。此外，按照航天飞行的实际情况，杨利伟还在太空中记录了一些体会，记录了七八页纸。在成功执行中国首次载人航天飞行任务并安全返回地球后，杨利伟感到有一些疲惫，因为他在太空中只休息了两次，熟睡了约半个小时，但是他仍然表示希望飞行时间能再长一些。

2003年11月7日，中共中央、国务院和中央军委决定授予杨利伟"航天英雄"荣誉称号并颁发航天功勋奖章。2018年4月，杨利伟任中国载人航天工程办公室主任。2019年10月，杨利伟获聘中国载人航天工程副总设计师。

中国航天飞行乘组的选拔主要考虑哪些因素？"神舟十四号"航天飞行乘组有什么特点？

至今，中国已经把多个航天飞行乘组成功送上了太空。由于每个航天飞行乘组执行的任务不同，因此这些航天飞行乘组的选拔也是不一样的。

1. 心理相容

"神舟五号"载人航天飞行任务完成之后，中国航天员基本还是要按照训练大纲训练。因为 2005 年升空的"神舟六号"载人飞船会搭载 2 名航天员，所以在航天飞行乘组的选拔阶段，除了要像"神舟五号"那样认真考查每位航天员的个体状况，2 名航天员之间的配合，即心理相容性成为选拔中考虑的重要因素。在较长时间的太空飞行中，心理相容性十分重要，它直接影响航天任务能否圆满完成。航天员之间配合默契，性情相投，兴趣一致，可以做到事半功倍。

另外，"神舟六号"航天员要首次脱下舱内航天服，换穿工作服；要首次打开返回舱的舱门，进入轨道舱操作各种设备，进行多项科学实验、大量工效学评价试验和在轨试验；要首次使用电加热器（可以用来热饭）、睡袋和"太空马桶"。这些都对"神舟六号"航天员的工作和生活技能提出了较高的要求。

"神舟六号"航天飞行乘组航天员费俊龙和聂海胜在载人飞船模拟舱内训练

链接："神舟六号"航天飞行乘组由费俊龙和聂海胜组成，费俊龙是指令长。他们要完成三大航天飞行任务：一是继续突破载人航天的基本技术，比如二人五天太空飞行技术；二是进行空间科学实验，"神舟六号"上进行的实验是中国第一次有人参与的空间科学实验；三是继续考核和完善工程各系统的性能。

与"神舟五号"载人航天飞行任务相比，"神舟六号"载人航天飞行任务的主要变化有 3 个：一是航天员人数从 1 人增加到 2 人，二是飞行天数从1天增加到5天，三是航天员活动范围从返回舱扩大到轨道舱。"神舟六号"航天飞行乘组开启了中国全面探索太空的序幕，二人五天的在轨生活使在"神舟五号"中并不突出的吃、喝、排泄、休息等问题显得紧迫起来，这些起居细节在太空中也充满学问。2名航天员与地面医生的简单对话，讨论了人体在太空中的承受能力；航天员在太空中进食、排泄和在睡袋中睡眠，验证了人体在太空中的生存能力……这些实践为未来进入太空的航天员完成更复杂的航天飞行任务奠定了基础。"神舟六号"航天飞行乘组很好地完成了预定任务。

2 上肢强壮

2008年升空的"神舟七号"载人飞船的航天员要执行太空行走任务，增加了很多全新的操作，包括对舱外航天服和飞船气闸舱的操作。"神舟七号"航天员的选拔和训练产生了不少新的变化。

"神舟七号"航天飞行乘组的3名航天员一方面要配合默契，一方面要有更强的体能、上肢力量和应对突发情况的处置能力。该航天飞行乘组由翟志刚、刘伯明和景海鹏组成，翟志刚是指令长，他在刘伯明的配合下完成了中国首次太空行走任务，景海鹏负责在返回舱进行监控。

这次飞行任务有两大亮点。一是成功实施了中国航天员的首次出舱活动，中国自主研制的用于保障航天员完成出舱任务的气闸舱和舱外航天服两项关键技术经受住了实践的考验。二是首次满载3名航天员，进行了三人三天的飞行试验，满负荷、全方位考核了载人航天工程总体及各大系统。

这次任务难度比较高，包括技术上的难度和航天员信念上的难度。任务要求出舱航天员的自主性很强，会进行舱外航天服的拆包、组装、测试、穿脱，出舱，完成出舱任务后取回试验材料。这也要求该航天飞行乘组要熟练掌握每一项操作，对所有程序都要非常熟悉。

"神舟七号"航天员的训练主要是在三大新设备中进行的：模拟失重水槽用于航天员穿着舱外航天服进行出舱活动的任务训练，包括从准备舱门到返回飞船的舱外活动全程；舱外航天服低压试验舱用于模拟太空真空环境对航天员和航天服的影响；出舱活动程序训练模拟器用于训练航天员出舱活动期间与轨道舱、舱外航天服相关的操作，包括正常模式和故障模式下的训练。

与"神舟五号""神舟六号"相比,"神舟七号"航天员的选拔、训练有不少变化,增加了很多全新的操作,对航天员的体能和应对突发情况的处置能力提出了更高要求。翟志刚在准备打开轨道舱舱门出舱时,遇到了打不开舱门的困难,最后翟志刚和刘伯明一起努力,克服了困难,打开了舱门,完成了预定的中国首次太空行走任务。

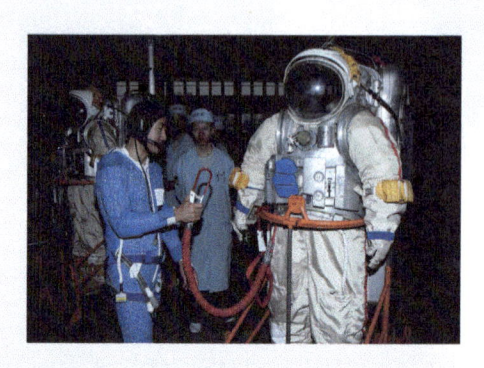

"神舟七号"航天员翟志刚在地面检查出舱挂钩

3 手控交会对接

2012年、2013年先后发射的"神舟九号""神舟十号"载人飞船的任务是与"天宫一号"目标飞行器进行交会对接,即航天员掌握手动控制交会对接技术(简称"手控交会对接技术"),同时,航天员进入"天宫一号"内开展科学实验和技术试验。这2个航天飞行乘组是同时选拔出来的。

"神舟九号"航天飞行乘组的主要任务是首次验证手控交会对接技术,全面验证组合体的环境保障情况。其特点是:第一次进行了中国载人航天的手动控制交会对接,航天员由"乘客"变成了"司机";航天员第一次进入了"天宫一号"内部开展工作;这次任务中有中国首位女性航天员刘洋参与,为了保障女性航天员在太空中的生活条件,科研人员开展了大量工作。

"神舟九号"航天飞行乘组由景海鹏、刘旺、刘洋组成,指令长是第二次上太空的景海鹏,负责手控交会对接的是刘旺。刘旺在地面进行了1500次交会对接训练,成功率是100%,在航天飞行的实际手控交会对接中,他的所用时间和交会对接精准度也优于自动控制交会对接。刘洋主要承担任务专家的工作,她在"天宫一号"里完成了15项航天医学实验。

链接： 手控交会对接对航天员的空间位置判断能力、手眼协调能力、多信息并行处理能力提出了很高的要求。另外，航天员还要面临燃料消耗和时间的限制，必须在一定时间内完成对接，这十分考验航天员的心理素质。此外，失重环境会给航天员带来不适，这些都会影响手控交会对接的操作质量。"神舟九号"航天飞行乘组的3名乘员都掌握了手控交会对接技术，其中刘旺的技术最突出。

2013年，"神舟十号"航天飞行乘组由聂海胜、张晓光和王亚平组成，指令长是第二次上太空的聂海胜。这次任务有三大特点：一是航天员要驾驶飞船围着"天宫一号"进行飞行；二是王亚平进行了中国首次太空授课；三是航天员首次在中国载人航天器上进行了在轨维修，更换了地板、限位装置和密封圈。这对航天员提出了新的要求。其中，掌握载人飞船绕飞技术对未来建造空间站非常重要，因为"天宫"空间站（已于2022年建成）上有多个对接口，"神舟"系列飞船可能需要绕到其他对接口与空间站进行交会对接。由于选拔和训练的准备工作做得十分充分，"神舟十号"航天飞行乘组很好地完成了预定任务。

"神舟十号"航天员聂海胜、张晓光进行手控交会对接训练

4 中期驻留

2016年，我国发射了"神舟十一号"载人飞船。该航天飞行乘组的主要任务是在"天宫二号"空间实验室里进行30天中期驻留验证，考核组合体对航天员生活、工作和健康的保障能力，以及航天员执行飞行任务的能力，为此后航天员长期驻留空间站做准备。另外，该航天飞行乘组还开展了有人参与的航天医学实验、空间科学实验、在轨维修技术试验等，进行了科普活动。

🔗 **链接：** 因为"天宫一号"和"天宫二号"的环境控制与生命保障系统可以支持60人天的舱内生存，即1名航天员在里面可以生存60天，2名航天员在里面可以生存30天，3名航天员在里面可以生存20天，所以为了进行30天中期驻留验证，"神舟十一号"载人飞船只搭载了2名航天员。

此次任务中航天员需要完成组合体30天中期驻留验证任务，相比"神舟十号"的15天驻留任务翻了一倍。在这30天中，既要保障航天员的生活、工作和健康，也要保证航天员执行航天飞行任务的能力，飞船在驻留、应急、返回方面的保障能力就需要加强。

因此，选拔"神舟十一号"航天飞行乘组时主要考核组合体对航天员生活、工作和健康的保障能力，以及航天员执行航天飞行任务的能力。为此，在临床医学检查和心理素质选拔方面，加强了对航天员潜在疾病和功能紊乱的深入排查，重视航天员情绪稳定性、危机处理能力和心理相容性等方面的评定；在知识与技能考核方面，突出了对航天员专业知识和技能掌握情况的考核，更加重视航天员飞行程序与计划管理、空间实验与有效载荷操作、应急故障处理、医学处置能力等组合体驻留能力的评定。最后选拔出景海鹏和陈冬，其中第三次上太空的景海鹏是指令长。由于准备充分，"神舟十一号"航天飞行乘组很好地完成了预定任务。

5 统筹规划

据中国载人航天工程航天员系统总设计师黄伟芬介绍，在2021年、2022年中国空间站关键技术验证与建造阶段共安排4次航天飞行任务。与前期飞行任务相比，空间站关键技术验证与建造阶段航天员飞行时间为3～6个月，任务极为艰巨、复杂，对航天员的身心素质、知识与技能、应急决策与处置能力、心理调适能力都提出了极高要求，航天员选拔与训练面临的挑战前所未有。

针对空间站任务的特点，航天员系统调整了选拔策略，按照"统筹规划、新老搭配、继承与发展"等原则，2019年12月，完成了"神舟十二号"至"神舟十五号"的航天飞行乘组的选拔,每个乘组由3名航天员组成,指令长均由上过太空的航天员担任。

这4个航天飞行乘组的选拔仍从政治思想、心理素质、知识与技能等方面进行全面考察和评定,同时加大了对临床潜在问题的排查,增加了高空减压病易感性检查。另外,选拔中综合考虑了飞行经验、出舱活动要求、与各次任务的匹配、年龄、新老搭配、心理相容性等方面的因素,在确定航天员个体满足任务要求的基础上,统筹分析确定了各次任务的航天飞行乘组。

从2017年3月开始,航天员训练全面转入为空间站任务做准备。其训练的目标概括起来就是:通过全面系统的训练,使航天员在思想、身体、心理、知识储备和操作技能等方面具备执行航天飞行任务的能力,做好执行航天飞行任务的准备。

链接: 针对空间站任务的特点,航天员系统设计并实施了八大类两百余科目全面系统的训练,包括基础理论训练、体质训练、心理训练、航天环境适应性训练、救生与生存训练、专业技术训练、飞行程序与任务模拟训练、大型联合演练等。

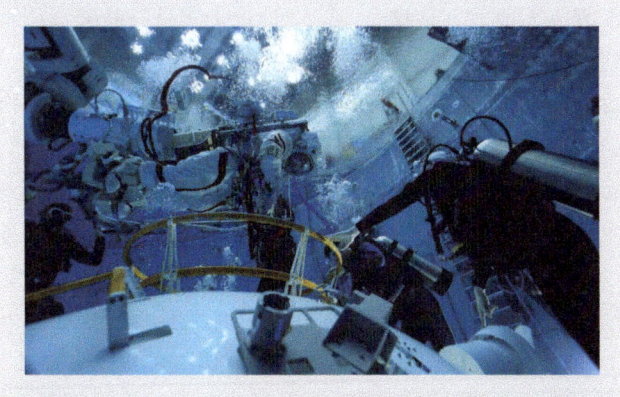

"神舟十二号"航天员汤洪波在模拟失重水槽中进行太空行走训练

与之前的训练相比,航天员系统新增了空间站技术训练、机械臂技术训练、空间试验和实验技术训练,强化了出舱活动训练,在模拟失重水槽中进行了大量出舱活动训练,并利用虚拟现实训练器和机械臂操作训练台进行出舱活动协同配合训练和演练。航天员系统强化了应急故障处置能力的训练，强化了体能和力量训练及超重耐力适应性训练，强化了心理调适训练，丰富了训练手段。

此外，航天员系统安排航天员们深入科研一线，参加了近百次工程研制试验活动，包括180天空间站长期载人综合模拟验证试验、出舱活动水下验证试验、工效学评价试验等各类试验。

航天飞行乘组基本按照以前的设置组合，根据分工的不同进行训练，一个航天飞行乘组中的3名航天员都要具备出舱能力，能进行替换。针对第一批航天员年龄较大的特点，航天员系统科学提高训练强度，不断提升航天员在太空中的适应能力。航天员除了要掌握航天专业技能，还加强了身体训练，比如针对四肢的力量、耐力方面进行了大量的训练。在水下进行出舱训练时，时间长的时候一次要持续六七个小时。

6 新人组合

根据上述要求，选出的"神舟十二号"航天飞行乘组的乘员为聂海胜、刘伯明、汤洪波，其中第三次上太空的聂海胜是指令长。"神舟十三号"航天飞行乘组的乘员为翟志刚、王亚平、叶光富，其中第二次上太空、中国太空行走第一人翟志刚是指令长。"神舟十四号"航天飞行乘组的乘员为陈冬、刘洋、蔡旭哲，其中第二次上太空的陈冬为指令长。

以"神舟十四号"航天飞行乘组为例，航天员系统通过分析这次航天飞行任务的特点，考虑每个人的特点与任务的匹配性，以及他们彼此之间的心理相容性、飞行经验、年龄等各方面因素，最终确定了陈冬、刘洋、蔡旭哲组成一个航天飞行乘组。陈冬执行过"神舟十一号"任务，在轨飞行33天，这是一段比较长的时间，他也有组合体飞行经验。刘洋也有组合体飞行经验，她在"神舟九号"任务期间作为任务专家在"天宫一号"上进行了15项航天医学实验。蔡旭哲的学习和领悟能力比较强。

另外，"神舟十四号"航天飞行乘组的3名航天员都是2010年5月进入中国第二批航天员队伍的，3个人年龄相仿，年富力强，共同的特点是非常细致、认真，善于学习与思考。他们3个人也有不同的特点，陈冬作为指令长，特别自信，处事果敢，雷厉风行，经常会在训练和实验中提出自己的意见和建议。刘洋非常有亲和力，语言表达能力很强。蔡旭哲对新事物、新知识的接受速度比较快。

"神舟十四号"航天飞行乘组在空间站上祝全国人民中秋快乐（2022年）

链接： "神舟十四号"的在轨任务比较重，十分复杂，乘组面临构型多（期间经历9种组合体构型）、状态新（要操控小机械臂和组合臂、从"问天"实验舱气闸舱实施出舱）、任务密（实施5次交会对接、3次分离撤离、2次转位、2～3次出舱，各次任务环环相扣）等挑战，同时还要首次进驻"问天""梦天"实验舱，配合地面飞控中心开展两舱组合体、三舱组合体及大小机械臂测试等工作，可以说"神舟十四号"航天飞行乘组是最忙的航天飞行乘组了。

男女航天员的选拔和培训一样吗？女性航天员在太空中有哪些优势？

2010年5月，中国从运输机飞行员中选拔出首批2名女性航天员，即刘洋和王亚平。她们当时都具有本科学历，年龄都是30出头，均已成家。她们在进行了2～3年的专业技能训练后开始执行载人航天飞行任务。其中，刘洋是中国太空第一女性航天员，王亚平是中国太空行走第一女性航天员。

那么，中国为什么如此重视女性航天员的发展？

1 独特优势

男性与女性在生理和心理等方面存在一定差异，例如，女性脂肪多，血红蛋白浓度低，平均身高低，平均体重轻，有氧运动能力弱，所以女性航天员在航天活动中的表现与男性航天员有些不同。

女性航天员在太空中有独特的优势：一是从生理构造、心理素质来讲，女性航天员对航天环境的适应能力更强，耐寂寞能力更强，心理素质更稳定；二是在承担航天飞行任务时女性航天员在某些方面的感觉更加敏锐，心思更加细腻，考虑问题更加周全，处理问题更注意方式方法，语言表达和沟通能力也比较强；三是男女混合编队可为航天飞行乘组带来活力，可使工作更顺畅，氛围更积极主动，工作效率更高，错误率更低；四是在太空失重环境中，女性在雌激素和镁的代谢方面优于男性，体内铁的含量和产生的废物也比较少，所以不易出现血栓、铁中毒、血管痉挛、心律不齐等问题，更适合长期载人航天；五是女性航天员上太空有利于全面开展医学研究，没有女性参与的载人航天，空间生命科学研究成果是不完整的。

现在越来越多的国家开始重视发展女性航天员。

2 中华巾帼

女性航天员的选拔条件随时代的变迁、科技的进步而改进。例如，中国首批2名女性航天员刘洋、王亚平是从已婚的运输机飞行员中挑选出来的，她们的身体和心理素质更成熟。

2012年，"神舟九号"载人飞船将中国第一位女性航天员刘洋与2名男性航天员送上了太空。刘洋在"天宫一号"目标飞行器内工作了10天，考察了女性在太空环境中的生理和心理变化，收集了相关医学的第一手数据，加强了航天飞行乘组的心理建设，为未来中国空间站长期考察组的人选组成提供了重要参考信息。刘洋在这次任务中表现得十分出色，很好地完成了15项航天医学实验。开展航天医学实验的目的是要首先保证航天员在太空中的健康，为后续制定载人航天飞行任务防护措施提供理论依据。

2022年，刘洋又作为"神舟十四号"航天飞行乘组的乘员到"天宫"空间站上工作。她要和2名男性航天员一起完成实验舱与核心舱的交会对接和转位；进驻2个实验舱，建立载人环境；开展两舱、三舱组合体、大小机械臂、气闸舱出舱等功能的测试；首次从"问天"实验舱出舱活动；完成实验柜解锁、安装；开讲"天宫课堂"；开展在轨健康监测与检查、防护锻炼、在轨训练与演练，以及大量空间站平台巡检测试、设备维护、维修验证、物资管理等。所以，该航天飞行乘组的任务十分繁重和复杂。

2013年，"神舟十号"载人飞船将中国第二位女性航天员王亚平与2名男性航天员送上太空。王亚平在"天宫一号"内工作了12天。除了进行常规的飞行器状态监视、设备操控、空间实验和乘组生活照料，她还进行了中国第一次、世界第二次太空授课活动，有6000多万名青少年观看了太空授课的直播，影响深远。王亚平利用"天宫一号"内的特殊环境生动地向青少年介绍和演示了5个物理实验，从而加深了青少年对质量、重量的认识。

王亚平是中国第一位太空教师，也是中国太空行走第一女性航天员

2021年，王亚平作为"神舟十三号"航天飞行乘组的乘员到"天和"核心舱工作。她不仅是第一位进入"天宫"空间站的中国女性航天员，而且于当年11月7日进行了中国女性航天员的首次太空行走。

链接： 王亚平在空间站内工作了6个多月，创造了当时中国航天员累计逗留太空198天的纪录。王亚平与2名男性航天员相互配合，在空间站开展了2次太空科普教育品牌"天宫课堂"的太空授课活动，旨在传播与普及空间科学知识，进一步激发广大青少年不断追寻"科学梦"、实现"航天梦"的热情。

各国航天员的工资是多少？太空游客算航天员吗？

在大众眼里，航天员既是一个"高大上"的职业，又是一个高风险的职业，人类至今已经牺牲了 20 多名航天员。很多人对航天员的方方面面都很感兴趣，包括航天员的工资是多少？航天员买人寿保险吗？现在太空游客越来越多，他们算航天员吗？所有进入太空的人事先都必须接受训练吗？

1 俄罗斯

航天员分为职业航天员和非职业航天员两大类，其中，职业航天员包括飞行专家（指令长和航天驾驶员）和任务专家（航天飞行工程师），载荷专家（科学家）属于非职业航天员。职业航天员一般是政府工作人员，他们的工资由政府支付。不同国家的航天员的工资也不一样。

苏联在载人航天领域创造了很多的辉煌。俄罗斯由于航天支出较少，因此，俄罗斯航天员的工资比美国航天员的工资低很多。

俄罗斯航天员的工资分为地球工资和太空工资两类。在地球上，航天员每个月的工资只有 1500～2500 美元。如果在太空中执行任务，那么每个月的工资可以增加 2500 美元。当然，航天员还有工龄补贴、政府奖励、试飞补助等。

俄罗斯航天员谢尔盖·库季·斯韦尔奇科夫此前表示，俄罗斯候选航天员的月薪低于 10 万卢布（约 1303 美元），而有航天飞行经验的航天员的月薪高于 20 万卢布（约 2606 美元）。2021 年，俄罗斯总统普京宣布大幅度提高航天员的工资，俄罗斯候选航天员的平均月薪提高到 30 万卢布（约 3909 美元），有航天飞行经验的航天员的平均月薪略高于 50 万卢布（约 6515 美元）。

据悉，美国航天员在"国际空间站"上的工作日程被排得满满当当，而俄罗斯航天员的时间却很宽裕，即使闲着，也不能相互帮忙。

俄罗斯航天员和美国航天员的薪酬激励方式不同。美国航天员的基本工资高于俄罗斯航天员的基本工资，但是美国航天员的航天补贴却很少。俄罗斯航天员的基本工资虽然低，但是他们的航天补贴却很高，不过如果他们的工作没有达到地面中心满意的标准，这些航天补贴就可能被扣留，甚至影响他们将来航天飞行的机会。

链接： 俄罗斯航天员在"和平号"空间站上工作一天就有100美元的收入，执行出舱活动时另有太空行走费。但是，也有差点儿"赔了夫人又折兵"的事情发生。1997年2月23日，航天员齐布利耶夫和拉祖特金在"和平号"空间站上遇到了火灾，好在补救及时。接着，"和平号"空间站的光谱舱被一艘货运飞船撞坏并漏气，使航天员面临离站的危险。但是航天员沉着冷静，排除了故障。然而，在他们返回地面后，有人想把所有过失都加在他们头上，并且不打算向他们支付每人几万美元的薪酬。不过，经过几个月的调查后，他们最终被认定为无责。

俄罗斯航天员拉祖特金

2 美国

美国航天员工资的高低取决于航天员为美国国家航空航天局工作的年限和航天员的学历。例如，一名曾获得博士学位的航天员在1995年时已为政府工作了20年，其年薪是9.1万美元。而一名刚被选进来的新航天员，他的工资级别是 GS-13，年薪是 5.6 万美元。美国联邦政府工作人员的工资分为 15 个级别，最低级别是 GS-1，最高级别是 GS-15。每一级别又分为 10 个档次。因此在美国联邦政府工作人员中，航天员的工资级别是比较高的。

2019 年，曾在国际空间站上完成 1 年任务的美国国家航空航天局前航天员斯科特·凯利表示，在地面训练时，美国国家航空航天局航天员的最高年薪约为 15.5 万美元。凯利透露："根据现等级表，美国职业航天员最高可以获得 GS-15 级，即美国联邦政府雇员类别，这相当于军队的上校军衔。这些职位的年薪约为 15.5 万美元（月薪约 1.3 万美元）。"根据美国国家航空航天局网站上公布的信息，入职时根据联邦分级，非军人候选航天员可以获得 GS-11 级雇员类别，月薪约为 0.55 万美元。报道称，服现役的美国国家航空航天局航天员，根据其衔级和服役年限获得附加工资。资料显示，以上校军衔加入美国国家航空航天局的候选航天员在工作 8 年后月薪约为 0.8 万美元，而在工作 10 年后月薪约为 1.03 万美元。

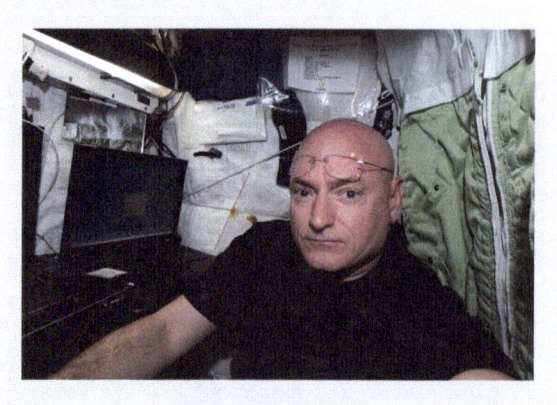

美国航天员斯科特·凯利

链接： 美国航天员如果还有军衔（或者仍在军队服役），那么其工资首先按照军队标准发放，然后由美国国家航空航天局提供补贴。如果是从军队退役之后续签合同的航天员，或者是从民间招募的顶尖人才，那么就由美国国家航空航天局支付工资和补贴。

美国航天员的工资也不是固定的。例如，按照美国联邦政府的规定，政府工作人员出差都有补贴。而航天员上太空也按出差对待给予补贴。出差补贴中包括就餐、住宿、交通和洗衣费等。航天员完成航天飞行任务返回地面后要填写一张出差补贴表，表中要详细填写各种费用。该表是美国联邦政府统一印制的，并非航天员专用，所以航天员填写起来趣味丛生：在到哪儿出差一栏，航天员填"到太空"；在乘坐何种交通工具一栏，航天员填"航天飞机"；在住宿在何种宾馆一栏，航天员填"航天飞机座舱"；在吃什么餐饮一栏，航天员填"航天食品"。

到太空执行航天飞行任务的美国航天员的年平均工资可以达到17万美元，毕竟在外太空执行任务的风险极高，从火箭升空到空间站外的太空行走、维修之类的任务，航天员都是冒着巨大的生命危险的，工资高是应该的。据悉，在航天飞行任务中，美国航天员每人每天补助20美元或30美元。航天员向美国国家航空航天局官员开玩笑，建议将来按每1.6千米（1英里）补助1便士计算。航天员每天在地球轨道上飞行约64 000千米，这样每天就可获得400美元的补助了。

美国国家航空航天局支持航天员买人寿保险。该局曾经与美国保险公司有过交涉，在保险公司提供的保险范围中包括航天飞机事故。在"哥伦比亚号"航天飞机事故中，7名遇难航天员中有5名隶属美国军队，符合美国"军队服役人员团体人寿保险"险种条件，按规定每人应获得死亡赔偿25万美元。

卡尔帕娜·乔娜为文职航天员，作为美国国家航空航天局的雇员，乔娜符合"联邦雇员团体人寿保险"资格，这一险种赔付金额为：在个人年薪基础上额外增加2000美元。如果保费提高，赔付金额可随之增加直至20万美元。

3 修改规定

2019年4月，在第35届航天研讨会上，维珍银河公司的戴维·麦凯、迈克·马苏奇和贝思·摩西在台上接受颁发给他们的"商业航天员之翼"勋章。

近年来，去太空旅游的人越来越多，有人花重金进行轨道太空旅游，有人进行相对便宜的亚轨道太空旅游，这就给航天员的定义带来了疑问，有人问，这些太空游客算航天员吗？

为此，2021 年美国收紧了航天员一词的定义，此举给一些亿万富翁进入太空成为航天员的梦想泼了一盆冷水。美国联邦航空管理局（FAA）的新规定显示，有望成为航天员的人必须是航天飞行中不可或缺的乘员，并为航天飞行安全做出贡献。这意味着，在美国监管机构眼中，进行亚轨道太空旅游的贝索斯和布兰森等都算不上航天员。

贝索斯（右一）乘"新谢泼德号"火箭进行亚轨道太空旅游

这是自 2004 年美国联邦航空管理局启动"商业航天员之翼"计划以来的首次调整。美国联邦航空管理局规定，"商业航天员"所乘航天器需要飞离地球平面至少 80.5 千米，蓝色起源公司的贝索斯和维珍银河公司的布兰森的飞行高度都满足了这一点。但是，新版标准加了一条：合格航天员必须"在飞行中有对保护公共安全有必要性或对人类太空飞行安全有贡献的活动"，具体什么样的活动符合这一标准，将由美国联邦航空管理局决定。

美国联邦航空管理局在一份声明中表示，这些调整使"商业航天员之翼"计划更符合该机构在商业太空飞行中维护公共安全的角色。那些希望拥有"商业航天员之翼"勋章的人需要申请。

另外，获授"商业航天员之翼"勋章需要由他人提名，所乘飞船也要通过美国联邦航空管理局认证。不过，布兰森、贝索斯和一些客户仍有一丝希望获得美国联邦航空管理局授予的"商业航天员之翼"勋章，因为该局新规注明，可以基于"贡献"向太空游客授予荣誉头衔，决定权在该局副局长手中。

美国联邦航空管理局在声明中强调，修订规范可让商业太空飞行项目更符合"维护公共安全"的目标。为了"维护'商业航天员之翼'计划的声望"，美国联邦航空管理局可能进一步修订合格标准。

链接： 20世纪60年代初，最早的"航天员之翼"勋章由美国海军和空军分别授予美国真正的太空旅行"第一人"小艾伦·谢泼德和"第二人"弗吉尔·格里索姆，表彰他们入选美国国家航空航天局"水星"计划首批7名航天员之列。

4 相关训练

目前，作为职业航天员的指令长、航天驾驶员、航天飞行工程师一般需要至少训练3年才能进入太空，而作为非职业航天员的科学家也要训练2.5年左右。那么，作为太空游客的记者、演员、政客等人，进入太空前也需要训练吗？答案是：所有进入太空进行轨道飞行的人，不管航天飞行时间长短，都要进行训练，因为任何人进行航天飞行都要面对发射和返回时的振动、噪声、超重，以及在轨飞行时的失重等挑战，如果不进行训练，人们在太空中连最基本的吃喝都难以完成。

太空游客的训练时间和强度根据旅游种类各有不同。亚轨道太空旅游的飞行时间较短，太空游客体验失重的时间只有几分钟，因此太空游客仅需要数天的训练就能满足条件。轨道太空旅游则不同，太空游客需要长时间在太空中生活，必须掌握在太空中吃、喝、睡等生活技能，这些都需要经过专业化的训练。同时，失重环境容易使人"首尾倒置"，找不到方向，产生恐惧感，这也需要通过训练来克服。因此，进行轨道太空旅游的太空游客的训练时间较长，一般为0.5年左右。

要想到太空旅游，除了要有雄厚的资金，还要有较好的身体和较强的兴趣。虽然对太空游客的身体要求不必像职业航天员那么高，但是太空游客也不能有明显的心脏病等问题。因为在火箭发射、航天器返回，以及在太空中生活的过程中，各种因素可能导致人的旧病复发甚至会诱发新的疾病。

链接： 2006年，日本富豪榎本大辅原计划花费2000万美元搭乘"联盟"飞船到"国际空间站"上观光，成为世界第四位太空游客。但是在俄罗斯训练几个月后，他被发现身体不适合太空飞行，因而被迫取消太空之旅，将机会让给了作为替补的安萨里。安萨里自此成为全球首位太空女游客。进行亚轨道太空旅游或搭乘航天飞机上太空对游客的身体要求低一些，进行轨道太空旅游或搭乘载人飞船上太空对游客的身体要求高一些。

世界第一位太空女游客安萨里

2021年9月，美国使用"猎鹰9号"火箭将"龙"飞船送上太空。该飞船承载的是世界上第一个全平民航天飞行乘组，该乘组的4名乘员分别是赞助人和指挥官贾里德·艾萨克曼、癌症幸存者海莉·阿尔切诺医生、美国空军退役人员克里斯·森布罗斯基，以及研究员西恩·普罗克特。在地面训练中，他们做的第一件事是徒步攀登华盛顿州的雷尼尔山，以适应不舒服的感觉。随后，他们参加了高空训练，以模拟发生紧急情况，如机舱压力故障导致氧气水平下降。他们进行了水中求生训练、低氧训练，这些都是典型的航天员训练。他们还进行了一次失重飞行训练，体验了失重的感觉。

在失重状态下飞行比预想的情况要难。在离心机训练中，全平民航天飞行乘组的乘员搭乘看起来像过山车的装置，目的是训练他们的身体能够适应失重的感觉。4 人进行了连续 30 个小时的模拟训练,以了解这次为期数天的旅行会是什么样子,包括如何吃太空食物、穿航天服。为了应对小概率事件,4 人还进行了"龙"飞船的手动控制训练,包括手动姿态调整、手动点火,以及手动返回等。"龙"飞船在距离地面约 540 千米的轨道上飞行了 3 天。

什么样的人适合去火星?如何选拔去火星的航天员?

20 世纪,人类实现了载人登陆月球;21 世纪,人类的目标是载人登陆火星,但是由于火星与地球的距离远远超过月球与地球的距离,所以人类必须实现更多的技术进步。

1 困难重重

要想载人登陆火星,一是要研制超重型运载火箭。当年,为了发射"阿波罗"系列载人登月飞船,美国研制了近地轨道运载能力约 130 吨的"土星 5 号"重型火箭。由于去火星的路途更远,载人登火飞船需要运载更多的燃料、氧气、食品和水等,而且载人登火飞船的飞行速度要达到 11.2 千米/秒,因此要研制运载能力更强的超重型运载火箭。当然,也可以研制运载能力稍小的运载火箭,然后分批发射载人登火飞船的舱段到近地轨道,通过交会对接组成完整的载人登火飞船,从而降低研制超重型运载火箭的成本和难度,但是这会增加载人登陆火星任务的成本和难度,交会对接次数也不能太多,否则会影响系统的可靠性。

二是要研制载人登火飞船。目前,人类只是研制出围绕地球运行的卫星式飞船和飞往月球的登月式飞船,还没有研制出载人登火的星际式飞船,因为研制星际式飞船的难度和成本大大高于前两者。由于从地球到火星往返至少需要 520 天,因此,载人登火飞船要解决人身保护、燃料、氧气、饮食等许多难点。目前规划的方法主要有三种:第一种,由地面带过去,包括使用货运飞船把生活用品运送到预定着陆地点;第二种,采用再生式环境控制与生命保障系统，对航天员的尿液、汗液、呼出的二氧化碳进行回收处理，循环使用，并在舱内种植能释放氧气、吸收二氧化碳的蔬菜，以降低地面运输的压力；第三种，就地取材，生产航天员生活和工作所需物资，包括从火星大气中提取氧气、使用3D打印机生产载人登火飞船的零部件等。

三是提供载人登火飞船在着陆火星过程中和着陆火星后的生活、工作保障。载人登火飞船着陆器登陆火星时要经历"恐怖的7分钟"。因为载人登火飞船质量很大，所以目前空间探测器的所有着陆方式都不适合，人类必须研制新的着陆技术。由于火星到太阳的距离要远远大于地球到太阳的距离，因此载人登火飞船难以依靠太阳能电池满足电力需求，而且火星上的尘暴很厉害，持续时间长达数月，很容易覆盖太阳能电池翼而严重影响其工作，所以人类考虑使用核电源，但是还要保证航天员的安全。火星尘暴对载人登火飞船着陆器和舱外火星服的密封性、可靠性提出了很高的要求。另外，火星上的温度比地球低很多，这对载人登火飞船着陆器的温度控制系统提出了更高的要求。当然，还要考虑着陆地点的选择，如果将载人登火飞船着陆器停在洞穴里，就能实现某种程度上的"冬暖夏凉"并可以有效规避宇宙辐射；也可以使用火星土壤覆盖着陆器。

链接： 火星引力约为地球引力的1/3，在地球轨道使用的舱外航天服，以及在月球表面使用的月球航天服（月球引力为地球引力的1/6）都无法在火星上使用，所以必须研制出功能强、质量轻的火星航天服。从火星返回地球更加困难，因为火星引力要比月球引力大，载人登火飞船着陆器的上升级必须有较大的推力；载人登火飞船返回地球时的速度也比载人登月飞船快得多，所以难度大增，载人登火飞船要严格控制进入地球轨道的角度和速度及时机，否则将可能掠过地球或者坠毁在地球上。

四是人体适应新的环境问题。在飞往火星途中和到达火星后，航天员长期处于微重力或低重力状态，会出现肌肉萎缩、骨丢失等太空综合征，能够活动的空间又很小，使这一问题变得更加严峻，还可能对航天员心理产生重大影响。到达火星后，与地球环境差异很大的火星环境对于人体来说是一种考验，更是一种挑战。为此，来自俄罗斯、欧洲空间局和中国的

6名志愿者曾在2010—2011年开展了"火星500"实验,主要探索人类在登陆火星过程中能够耐受的一切,尤其是心理和物质保障方面的问题。

"火星500"实验的志愿者准备进行模拟登陆火星

五是要解决通信延时带来的困难。由于地球与火星距离遥远,无线电信号单程传输需要20分钟左右,因此航天员无法及时获得地球控制中心的帮助,必须依靠飞船的自动控制系统和航天员的知识、经验解决遇到的问题。航天员在着陆火星后,还需要保证与地球的正常通信联系。

2 两大对策

针对飞往火星途中的航天员因长期失重而引起的肌肉萎缩、骨丢失等一系列问题,人类现在主要采取两个措施来应对:一是吃药,二是体育锻炼。不过,目前在太空中进行体育锻炼的效果并不理想,所以科学家还在进行新的探索。克服失重不利影响的最好办法就是使用人工办法产生重力,但是由于技术上存在困难,目前人类还无法在太空中应用人工重力。航天医学家正在持续努力,希望在人类登陆火星前解决此类问题。

有不少专家认为,载人登陆火星的主要困难之一是宇宙辐射。人在地球上生活时,因为地球磁场具有屏蔽作用,能将射向地面的宇宙辐射的强度降低70%~90%。航天员在地球近地轨道上飞行,乘坐的载人航天器也能受到地球磁场的屏蔽作用的保护,航天员受到的宇宙辐射剂量较低。但是在行星际空间飞行的载人登火飞船中,航天员要面对大剂量的宇宙辐射，如果不加强防护装置，航天员所受的宇宙辐射剂量可高达几百拉德。宇宙射线中的高能质子可穿透载人飞船照射到人体，击中人体后能引起组织和器官的严重损伤，杀死人体细胞或改变人体内的DNA，降低人的免疫能力，导致航天员终身不育，还会提高癌症的发病率。针对宇宙辐射问题，人类现有两个解决方案，一是加厚载人登火飞船的舱壁，这种被动物理屏蔽方式的最大缺点是飞船质量太大，会给发射带来巨大困难；二是采用主动物理屏蔽的方式，即在载人登火飞船四周制造人工强磁场，使射向飞船的辐射粒子偏离，不过该技术十分复杂，人类目前的技术极难实现。人类还需要进一步攻关防辐射屏蔽技术。

链接： 解决上述问题的办法目前有两个：一是举全球之力完成这项宏大航天工程，这样可以减轻资金、技术等方面的压力，发挥各国的特长。二是缩短载人登火飞船抵达火星的时间，这样就可以大幅度降低长期太空飞行带来的生命保障、宇宙辐射、失重与低重力、心理与生理、燃料与备件等一系列的挑战的难度，但是这需要载人登火飞船的动力产生革命性的飞越，比如使用核动力，载人登火飞船理论上只需要约两个月就能抵达火星，但是这方面的技术难度极大，一些国家正在为此努力。

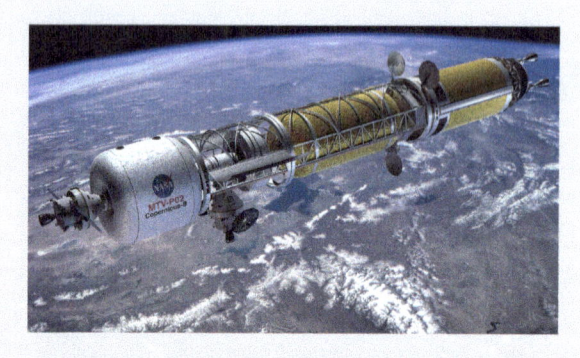

美国国家航空航天局正在研制核动力载人登火飞船

3 成败关键

随着科学技术的发展，任何复杂的技术问题都可以找到解决的办法。

但是选拔火星航天员的难度非同一般,因为火星荒无人烟、环境恶劣,连细菌都难以生存,火星航天员面临的困难是常人难以想象的。因此有人说,在未来的载人登火飞行中,任务成败的关键不在于能否设计出可安全飞往火星的飞船,而在于能否选拔和训练出能够完成这项任务的火星航天员。

就目前的技术水平而言,从地球到火星往返至少需要约520天,火星航天员长时间待在狭小的环境中,一旦发生设备故障和其他问题,都只能靠自己解决,这对于火星航天员来说是极为严峻的挑战。这不仅对火星航天员的身体和技能提出了极高的要求,还对他们的意志和精神提出了近乎苛刻的要求。火星航天员能不能保持正常和稳定的心理状态,能不能将火星旅行坚持到底,取决于航天员的心理选拔是否足够科学,这也直接关系到整个载人登陆火星任务的成败。

假如把一个人关在一间狭小的屋子里,时间一长他就会感到孤独和寂寞,长期的孤独和寂寞可引起头痛、抑郁、厌烦、情绪不稳、喜怒无常等情况。而航天员在载人登火飞船上,甚至在火星表面的情况可能会更糟糕。因为远离亲朋好友,火星航天员的活动空间有限,再加上受失重和低重力、宇宙辐射和精神紧张等因素的影响,他们容易精神崩溃。

美国为载人登陆火星任务研制的"社会潮流款"Z-2航天服

创造在太空中连续飞行437天零18小时世界纪录的俄罗斯航天员波利亚科夫说,他的航天经历证明人能够在太空中长期飞行,不过他感觉克服心理困难比克服生理困难还要困难,长时间听单调的机器声会觉得很孤独、郁闷。

实践表明,在长期的航天飞行中,航天员的心理变化通常分为3个阶段。第一阶段是进入太空后的前两个月，航天员主要适应新的环境，一般容易精神紧张和产生睡眠紊乱。第二阶段，航天员表现为过度敏感、疲劳增加、情绪不稳定，有的还会出现食欲下降等症状。第三阶段是长期阶段，航天员可能表现出喜怒无常、情绪不稳定和不良的情感反应，与地面飞行控制人员关系紧张，不主动与他人交往或同事关系淡漠，对一些规章、制度有明显的抵触情绪。

由于去火星的飞行时间特别长，因此火星航天员的选拔和训练必须十分注重心理素质方面，首先是航天员之间要具有很好的相容性，其次是航天员要具有很高的身体素质和知识水平。

4 重视心理

顺利完成载人登陆火星任务，主要依靠集体的智慧和力量，因此具有集体主义精神是一个非常重要的选拔条件。

心理选拔的首要任务是排除候选人中具有人格缺陷和集体主义观念淡薄的人，同时发现那些不仅人格正常，而且善于团结同事、关心集体、助人为乐、心胸开阔、幽默和乐观自信的人。

其次是评定候选人在长期的与世隔绝的火星旅行中能否保持身体健康、心态良好和精力旺盛。

再次是候选人在长时间完成单调和重复性的工作之后，能否对突然发生的各种紧急情况做出快速反应。

心理选拔涉及候选人的一般心理特征，如兴趣、爱好、个性和性格等。如果候选人的业余爱好是在广阔的空间中自由活动，如旅游、钓鱼等，那么他就不适合当火星航天员，因为这些业余爱好在漫长的火星旅行中是满足不了的。如果候选人的业余爱好是听音乐、读书、看报或下棋，那么他就适合当火星航天员。

在地球轨道上飞行与从地球飞往火星有很大不同，因此挑选火星航天飞行乘组时，就不能沿用目前地球航天飞行乘组的选拔标准，否则将难以完成载人登陆火星任务。

研究表明，火星航天飞行乘组必须是4人或6人等偶数乘组，以免交谈中孤立出一人。如果火星航天飞行乘组由4人组成，那么应由以下4种专业的航天员组成。

一名是有经验的航天驾驶员。他的工作主要是预防自动控制系统失灵和在火星表面寻找比较理想的着陆地点。

航天员从火星表面提取完整的核心样品设想图

一名是熟悉心理、内科、外科、牙科、妇科、神经科、五官科等的全科医生。因为在长期旅行中，航天员难免生病或出现心理障碍，所以这名全科医生应当可以应对航天员可能发生的各种疾病。在飞船上或者在火星表面，还要设立一个小的手术室，必要时全科医生可以完成一些小手术。如果遇到"疑难杂症"，全科医生可以借助专家系统的机器人和远程医疗技术。另外，因为医学与生物学是密切相关的，所以全科医生可以协助其他乘员在火星上寻找生物。

一名是全能工程师。他会操作、保养和维修机械设备和电气设备，也负责粮食生产和加工、数据库管理、食品制作、温室管理、计算机、导航、通信、漫游车的遥操作控制等。

一名是熟悉气候、地质等的全能科学家。他会使用各种探测仪器和设备，可以在火星表面开展地质化学、古生物学、地球物理、大气科学、气象学、生态学和农学等方面的研究工作。在仪器和设备发生故障时，他还能够进行检查和维修。

如果火星航天飞行乘组由6人组成，那么其中应该有2名全能工程师和2名全能科学家。火星航天飞行乘组最重要的是团队精神。

链接： 男女混合编队比清一色的男性航天飞行乘组更有利于执行长期的载

人登陆火星任务。因为女性航天员不仅能够很好地完成各种航天任务，而且在生理和心理适应性方面优于男性航天员，女性航天员更能适应单调、寂寞、与世隔绝的太空生活。因此，男女混合编队更有利于长期执行载人登陆火星任务。

另外，因为载人登陆火星飞行时间很长，所以火星航天员在漫长的赴火飞行中要持续训练，否则原来掌握的技能会逐渐变得生疏，这对航天员的身心健康也非常不利。因此，载人登火飞船上的很多关键部位设置了两套平行的系统，火星航天员可以一边操作一边学习，两者互不干涉。

解密航天员训练

对预备航天员进行训练的目的是什么？职业航天员的训练分为几个阶段？

载人航天飞行是一项高风险和高挑战性的职业活动，具有工作环境特殊、职业技能复杂、飞行任务艰巨、危险性高等特点，因而对航天员的道德修养、身体素质、心理素质、知识储备、工作技能等都有很高的要求。航天员进入太空后会受到较长时间的微重力环境影响，因此，航天员需要适应太空生活的特殊规律，掌握在微重力条件下生活和工作的技能。航天员必须经过严格的身体训练，以承受发射和返回时强大的冲击力。

1 训练目的

通过对预备航天员进行全面、系统、科学和严格的训练，提升预备航天员的体力、智力、生理功能，以及工程技术、科学知识水平，使他们适应与耐受航天飞行中遇到的特殊应激环境，完成特定飞行任务。预备航天员要在道德修养、身体素质、心理素质、知识储备、工作技能等方面具备执行航天飞行任务的能力。

航天员在太空中的主要作用是对载人航天器及其舱载设备进行控制、操作、照料、维护和维修，以及在太空中进行科学实验。所以，要想成为一名合格的航天员，不仅要具有良好的身体素质和心理素质，还要掌握与载人航天相关的专业知识和各种复杂的操作技能。对预备航天员进行严格训练的主要作用包括以下3个方面。

一是显著提高预备航天员的身心素质及对航天环境的耐力和适应能力。例如，航天员要适应发射和返回时遇到的强烈振动、超重影响，要掌握在微重力环境下生活和工作的技能，尤其是要熟练掌握救生与生存的知识和技能，包括沙漠救生、森林救生和海上救生等救生技能。

二是使预备航天员熟练掌握载人航天相关的知识和载人航天器的操作技能。例如，航天员要掌握载人航天飞行理论、载人航天器姿态控制，以及载人航天器系统的组成、结构和原理，熟悉载人航天器飞行工况的监视，应急状态和故障的识别、判断及处理，舱载设备、装备与物品的操作、使用、管理与维护，尤其要掌握手控交会对接、太空行走和科学实验柜的使用等的相关理论和操作。

中国航天员进行空中救生训练

三是使预备航天员熟知需要执行的载人航天飞行计划与方案、飞行预案及飞行的全过程；熟练掌握飞行程序，包括正常飞行程序、应急飞行程序及故障处理程序等。要使航天飞行乘组的乘员不仅具有娴熟的操作技能，而且能够默契地协同配合；不仅能够胜任自己的岗位，必要时也能够代替他人完成任务。

链接： 严格而科学地训练航天员对于确保载人航天飞行任务的顺利完成有重要作用。例如，为载人航天工程提供满足任务需要的、合格的航天员和执行航天飞行任务的航天飞行乘组；使航天员具备良好的身体素质和心理素质，获得足够的知识，熟练掌握各种操作技能，可以胜任飞行任务；使航天员能够对载人航天器系统实施有效的管理，使系统和设备功能的灵活性与可靠性得到较大提高，在确保载人航天器系统正常运行及发挥应有效率方面发挥重要作用。

另外，通过训练可以使航天员在航天飞行中及时识别、判断和排除故障。当载人航天器自动控制系统失灵时，航天员可以对载人航天器实施手动控制。通过训练也可以提高航天员操作的可靠性，将航天员的人为失误的可能性降到最低，从而提高航天飞行的安全性和可靠性。

2 因事而异

航天员训练一般包括体质训练、心理训练、基础理论训练、专业技术训练、航天环境适应性训练、飞行程序与任务模拟训练、救生与生存训练、大型联合演练八大类，每一类训练又由若干不同的训练科目组成。除了大型联合演练，其他所有的训练项目都是一名预备航天员成为真正合格的航天员必须接受的。

由于航天员分为飞行专家（指令长、航天驾驶员）、任务专家（航天飞行工程师）和载荷专家（科学家），而且每次航天飞行执行的任务不同，所以他们的训练内容也有所不同。

在载人航天飞行过程中，指令长必须首先是一位合格的航天驾驶员，同时还要承担科研实验任务。航天驾驶员相当于副驾驶，他要配合指令长完成驾驶和操纵载人航天器的任务，航天驾驶员在执行一两次航天飞行任务之后就有机会提升为指令长，为此要接受专业技术训练并协同有关专家工作。由于载人航天器的航天飞行乘组人数一般只有 3 人，所以指令长通常兼着航天驾驶员。飞行专家主要训练灵活、熟练驾驶载人航天器的技能。

航天飞机第一位女机长柯林斯在航天飞机驾驶舱内熟悉仪表板

任务专家主要负责载人航天器的维护和载荷管理，包括操纵遥控机械手释放或回收卫星，出舱组装和修复航天器，承担科研实验任务，等等，同时要通晓载人航天器各系统和任务要求。所以，任务专家需要具备灵活、熟练地检查和维修载人航天器各系统设备的技能。美国曾派当过兽医的任务专家里克·利纳汉出舱去为"哈勃太空望远镜"更换电源，因为利纳汉曾经为犀牛、大象做过手术，他的手指很灵活。

载荷专家一般是科学家，主要在载人航天器上从事固定的科学研究和实验工作，他们只接受部分训练，包括如何使用卫生设备、进餐和救生等。

链接： 因此，不同类型的航天员、使用不同载人航天器的航天员、担负不同任务的航天员，他们有着不同的训练要求，主要表现在训练学时、考核标准和训练科目、内容的深浅程度方面。除共同的训练项目外，每一名航天员的训练安排应侧重其负责承担的任务。例如，飞行专家必须进行大量的航空飞行训练，以便掌握载人航天器的驾驶技术；任务专家进行舱外活动的训练要比飞行专家多；载荷专家的航空飞行训练要求较低，不要求能单飞。

3 四个阶段

作为职业航天员的飞行专家和任务专家，需要训练约3年，载荷专家需要训练约2.5年。现在，男性与女性职业航天员的训练基本一样，通常分成4个阶段，训练安排遵循由一般至特殊、由单项至综合、由简单至复杂、由易至难的循序渐进原则；各阶段所要达到的目标不同，训练的重点和要求不同，训练的组织形式也不尽相同。

一是航天基础理论学习与训练。航天员在该阶段主要学习载人航天工程基础、航天飞行动力学、航天器设计基础、天文学和航天医学基础等课程，时间约为1年。

航天员听专家讲课

二是专业技术训练。航天员在该阶段主要了解载人航天器的基本性能和各种操作界面的特征；通过各种职能训练器和飞行模拟器学习航天飞行所需的各项专业知识和技能，包括载人航天器的驾驶和控制、各种设备的操作；通过失重飞行训练掌握在微重力条件下穿脱航天服的技能，消除人体对失重环境的恐惧；进行救生与生存训练，学会自救互救的医疗技术，时间约为 1.5 年。

三是航天飞行任务模拟训练。航天员在该阶段主要进行各项飞行模拟训练，掌握全部飞行程序（包括正常飞行程序、应急飞行程序、逃逸救生程序、故障识别与处理程序等）、交会对接技术、太空行走技术，学习科学载荷实验、对地对天观察、相互如何配合等，其中太空行走技术在中性浮力水槽里进行。该阶段是航天飞行乘组执行航天飞行任务前最重要的训练阶段，目的是使航天飞行乘组的乘员彼此了解、相互熟悉、默契配合，时间约为 1 年。

四是任务准备与强化训练。该阶段主要针对已被选为航天飞行乘组的航天员的航天飞行任务进行大型联合演练，包括飞行程序与任务模拟的强化训练，使即将上太空的航天员进一步熟悉和保持载人航天器操作技能，时间约为 0.5 年。

4 其他训练

航天员的航天环境适应性训练、心理训练和体质训练贯穿整个训练过程。在整个训练期间，即使航天员的有些训练项目或内容已经达到训练要求，每隔一段时间，还要安排复习训练，如通信设备的使用、个人救生物品和装备的使用等。实践表明，课程间隔时间超过 6 个月，就需要安排复习训练，以使航天员保持足够的熟练水平。

链接： 航天环境适应性训练是指针对航天员航天飞行中遇到的特殊环境，如失重、超重等物理环境进行耐受性与适应性训练，使航天员掌握各种生命保障设备、个人防护装备和个人工作、生活医保、救生用品的使用技能等。常使用失重飞机、中性浮力水槽等进行失重训练，使用离心机进行超重耐力适应性训练，使用转椅进行前庭功能训练。航天服的穿脱和使用、航天食品和餐具的使用等也要一一进行训练，否则在失重环境下吃饭容易把食品放入鼻子里，上厕所可能会搞得粪便到处飘。

心理训练是为了培养航天员良好的职业个性和心理品质，为完成航天任务奠定良好的心理基础，包括进行航天心理学基础与心理健康教育、放松训练、表象训练、心理相容性训练、隔绝训练（又称"狭小环境适应性训练"）等。其中，表象训练的目的是使航天员想象某些操作的方法、过程、要领、应急措施等；心理相容性训练的目的是让航天员掌握与同事沟通的技能，学会缓和人际关系、消除摩擦的方法。

体质训练每周都要进行，航天员除了要进行一般体质训练，还要进行特殊体质训练，后者用于提高航天员对航天环境的耐力，如用浪木、秋千等训练前庭耐力，通过登山和游泳提高对缺氧环境的耐力。

日本航天员进行体质训练

航天员的训练周期比较长，训练项目和内容很多，训练强度较大，难度也较大，有的训练项目还具有一定的危险性，比如航空飞行训练，世界上第一位进入太空的航天员加加林就是在进行航空飞行训练时牺牲的。

在航天员的训练过程中，不是每一位受训者都能完成所有的训练任务，在训练期间，有些受训者会因身体等各方面的原因被淘汰。因此，能否通过严格的训练，对每一位受训的预备航天员来说都是一场严峻的考验和挑战。

链接： 预备航天员为取得和保留航天员资格，必须经过训练期的航天员选拔。在训练期间，不仅要对预备航天员进行各种训练科目考核、训练阶段考核、训练结业考核与评定、心理观察和测评，同时还要定期进行医学检查与评定。医学检查的项目与选拔预备航天员时的临床医学检查基本相同，但是检查更加全面、深入和细致。在训练期间，如果某位预备航天员身体出现问题，医学鉴定为不合格，则有可能被淘汰。

不过，即使选拔和训练合格的航天员也不一定能上太空执行任务，他们还要经过最后一关——航天飞行乘组的选拔。航天飞行乘组的选拔即从合格的航天员中为某次航天飞行任务选拔出最佳航天飞行乘组，需要充分考虑航天飞行任务的特点和要求，不仅要对航天员个人做出评价，更重要的是必须对航天飞行乘组整体效能做出评价。航天飞行乘组的选拔贯穿飞行任务训练的全过程，直至发射当天才结束，包括选出合适的航天员、确定航天飞行乘组和备份乘组，以及在临飞前对航天飞行乘组进行适当的体检，确定最终的航天飞行乘组。

完成人类首次登月任务的"阿波罗 11 号"航天飞行乘组，从左至右：阿姆斯特朗、柯林斯、奥尔德林

哪种航天训练最具特色？在地面如何进行超重耐力适应性训练和失重训练？

航天环境适应性训练是航天训练中最具特色的项目，其训练要求比空军飞行员的航空飞行训练高出许多，比如转椅训练，空军飞行员要求能坚持 2 分钟，航天员则要求必须坚持 10 分钟；比如超重耐力适应性训练，空军飞行员要求能持续承受 5 倍于自身体重的压力（5g）达到 3 秒，航天员则要求能持续承受 8 倍于自身体重的压力（8g）长达 40 秒。

1 选拔尖子

在选拔预备航天员时,就要淘汰那些对航天环境因素非常敏感或耐力差的人,优选出对航天环境耐力与适应性好的候选人。通过检查,进一步了解候选人的机体调节能力、储备能力及适应能力,进一步发现潜在的疾患。

(1)前庭功能

进入太空后的前几天,航天员容易得航天运动病,症状类似晕车、晕船或晕机,得病比较突然。航天运动病会影响航天员的身体健康和工作效率,尤其是对于进行太空行走的航天员来说,一旦呕吐,呕吐物飘浮在面窗内,容易呛到航天员。现已基本查明,航天员前庭器官对运动刺激的耐受能力与得航天运动病的概率高低有关。所以,在选拔预备航天员时就要严格检查受检者的前庭功能,即通过转椅进行加速度敏感性检查,通过平行秋千进行线性加速度敏感性检查,以及进行冷热刺激敏感性检查,来观察受检者是否出现头晕、恶心、呕吐、出汗和面色苍白等情况,并记录心电图、胃电图、血压及眼震图等指标,分析其自主神经反应,淘汰前庭功能不正常或前庭耐力差、有运动病史的受检者。

训练前庭功能的电动秋千

(2)超重耐力适应性

航天员在搭乘载人航天器升空和返回的过程中都要经受超重环境的考验,因此要通过超重耐力适应性训练选拔出对超重环境耐力好的受检者。

该检查应用了各种生理、物理测试仪器，以及电视、通话和摄像系统，使用离心机来进行，主要检查受检者头－盆向和胸－背向的超重耐力，前者要持续承受 3 ~ 4 倍的自身体重（3 ~ 4g）30 秒，后者要持续承受 4 ~ 7 倍的自身体重（4 ~ 7g）50 秒。通过检查受检者耐受的超重值和时间、主观感觉及生理反应来选拔合格者，在检查中或检查后出现呕吐、虚脱、晕厥等症状，不能按规定要求完成检查或提前终止检查的受检者均会被淘汰。

（3）低压缺氧耐力

在太空中飞行，航天员可能遇到低压缺氧的情况，因此要选拔比较耐受低压缺氧环境的受检者。通常使用低压舱检查受检者低压缺氧耐力和耳气压功能。首先，低压舱以 20 米 / 秒速度上升到 5000 米高度停留 30 分钟，停留过程重点检查受检者的低压缺氧耐力，然后以 10 米 / 秒、7 米 / 秒和 5 米 / 秒 3 个速度下降，在下降过程中，如果受检者出现耳部疼痛则依次降低下降速度，直至下降到地面，下降过程重点检查受检者的耳气压功能，能承受最高下降速度者耳气压功能最优。在检查过程中，受检者可能会出现恶心、头痛、出汗、呼吸加快、面色苍白、心率或血压突然下降等反应，出现严重不适反应的受检者会被淘汰。

（4）下体负压耐力

人体对下体负压应激的耐受性存在个体差异，且这种差异与人体的心血管功能密切相关。检查受检者的下体负压耐力能进一步评价受检者心血管的储备能力和调节适应能力。通常是将受检者髂嵴以下的躯体置于低于大气压力的负压装置内，使人体下半身处于负压环境，这样人体的体液分布会发生变化，部分血液将在下肢潴留，全身循环血液减少，从而改变人体一系列生理机能，以适应应激环境。

（5）头倒位耐力

执行载人航天飞行任务时，航天员要经历从重力环境到超重环境，再到失重环境，然后再从失重环境回到超重环境和重力环境等的变化，这会使航天员体液分布发生突然变化。例如，进入失重环境时人的体液会向头部转移，形成"月亮脸"，即面部看起来有些浮肿。因此，要检查受检者头部低位和倒位的耐力。

目前常用转床来模拟血液头向分布的生理反应，即受检者先平卧于转床静息10～15分钟，然后在3～5秒内将转床调到30°并持续45分钟，之后将转床转至水平位。根据监测的心率、血压、心电图等生理指标和受检者的症状与体征，检查受检者的头倒位耐力，并进一步考察其心血管系统调节能力和储备能力，出现头晕、冒冷汗、脸色苍白、全身无力等较严重不良反应的受检者会被淘汰。

如果受检者入选预备航天员，则还要用转床对其进行体位改变的训练，这样可以模拟航天员失重时血液向头部转移而引起的生理反应，使受检者体验和适应失重条件下血液的重新分布和由此产生的各种效应。具体来说就是让受检者躺在转床上并被固定，每隔几分钟改变一次转床的角度，从而不断刺激受检者的心血管感受器，锻炼心血管的调节机能，直到受检者对这种快速血液重新分布具有一定的适应能力。

航天员用转床进行血液重新分布训练

（6）高空减压

检查受检者高空减压病的易感性是为了淘汰易得减压病的人。该项检查是用低压舱来实施的，与检查低压缺氧耐力的方法和程序类似。受检者接受检查时先在常压下吸氧排氮60分钟，接着低压舱以30米/秒速度上升到7000米模拟高度，停留3分钟后继续以25米/秒的速度上升到1万米模拟高度，停留15分钟之后以20米/秒的速度下降到5000米模拟高度，最后以10米/秒以下的速度下降至地面。在检查过程中要让受检者吸纯氧，并密切监测其生理指标的变化，询问和观察其有无蚁走感、一过性关节刺痛、皮肤一过性刺痛等减压病症状，出现任何减压病症状的受检者均不合格。

2 特殊训练

选拔出来的预备航天员还要进行更艰苦的航天环境适应性训练,以进一步提高预备航天员耐力,包括其返回地面后的再适应能力。这种训练与体质训练的有机结合及共同作用还能使预备航天员的身体素质达到胜任航天飞行的水平,提升预备航天员的心理素质,为他们进入太空生活和工作做好准备。

链接: 目前,航天环境适应性训练的项目主要有前庭功能训练、超重耐力适应性训练、失重训练、体质训练等。进行这些训练时要注重实际训练效果,通常因人而异,根据个体情况来确定训练的方法、强度和次数。已达到训练要求的航天员可做维持性训练,没有达到训练要求的航天员可适当加大训练强度和增加训练次数。

(1) 前庭功能训练

前庭功能训练是为了避免或减少航天运动病的发生,或减轻航天运动病的症状程度。对于无航天运动病的预备航天员来说,能提高其前庭器官对运动刺激的耐受能力,增强前庭功能的稳定性,从而预防航天运动病。航天运动病其实不是病,它是人在失重环境下一种特殊的生理反应,和"晕车"或"晕船"的反应类似。

这种训练分为被动训练和主动训练,并通常结合着进行。被动训练主要用秋千和转椅进行,通过使受训者反复地接受线性加速度和科氏加速度的刺激,从而提高人体对运动刺激的耐受性,达到避免或减少眩晕和错觉的目的。主动训练可以与体质训练相结合,进行一些多方向自体旋转的运动,如旋梯、弹跳网和三维滚环等,它们能锻炼预备航天员前庭器官感受器和运动系统的功能。

预备航天员在进行前庭功能训练时使用的电动转椅不但可以做360°顺时针和逆时针的快速运转,而且可以同时上下前后摆动。当预备航天员坐到转椅上时,他们需要戴上眼罩,固定好头、脚及双臂。预备航天员在转椅上经过一番"天翻地覆"的折腾后,还要分清东南西北。

在预备航天员持续数年的训练期间,每年要进行2~3次的前庭功能训练。在载人航天飞行前，可根据要上太空的航天员的任务特点和个体情况适当调整训练的方法、负荷和安排。另外，对于航天运动病，还有按摩穴位、调节呼吸等物理防护措施，为此，也要进行相应的训练，使航天员掌握这些方法和技巧，从而预防航天运动病的发生，或缓解航天运动病的症状。有的国家会采用给航天员注射药物的方式来防止航天运动病的发生。

据悉，中国太空第一人杨利伟虽然早已当了领导，但是他仍然经常进行这方面的训练，以将前庭功能维持在最优状态。

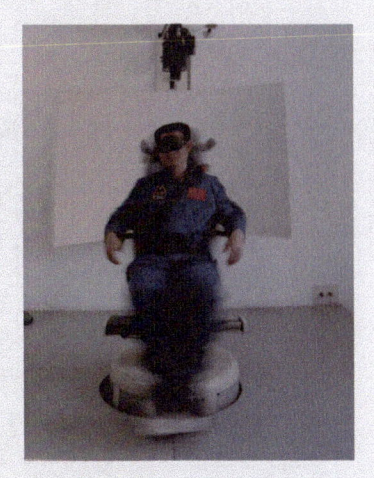

航天员使用多功能转椅进行前庭功能训练

（2）超重耐力适应性训练

通过人用离心机训练预备航天员的超重耐力适应性，能使预备航天员掌握正确的呼吸对抗动作，从而增强和维持他们抗超重的能力和稳定性。该训练主要训练预备航天员胸-背向耐力维持能力和抗胸-背向超重的呼吸动作，通常每年训练两次，所以超重耐力适应性训练贯穿于预备航天员训练的全过程。在上太空前大约半年，还需要按真实的载人航天器正常上升和返回的超重曲线进行训练，使预备航天员真实体验载人航天器上升和返回过程中超重作用的过程、特点和反应。

链接： 在高速旋转的离心机中，预备航天员要承受8倍重力加速度，这是什么概念呢？相当于8个自身体重压在身上。此外，预备航天员还会出现脑部缺血，在这种情况下，他们还要保持清醒的头脑，及时回答教员的问题，完成各种技术动作。

教员要在控制室内观察和记录预备航天员的表情、通话、各种生理指标和反应动作等，当出现问题时，可以及时中止训练。训练结束后，教员将根据预备航天员的主客观反应，对其超重耐力适应性和反应特征做出科学的评价。预备航天员在进行超重耐力适应性训练时，如果感觉受不了，可以按停止按钮。

在离心机舱内的航天员进行 $8g$ 超重耐力适应性训练时的脸部情况，此时对着嘴边的麦克风说话都很费力

（3）失重训练

人进入太空后，会生活和工作在与地面完全不同的失重环境中。该环境不仅使人在衣、食、住、行方面都不太适应，还会给人的运动和操作等带来麻烦。目前，失重训练主要包括两类，一类是创造失重环境，如通过失重飞机的抛物线飞行使预备航天员体验短暂而真实的失重，消除其对失重环境的恐惧；另一类是模拟失重环境，比如使用中性浮力水槽来训练太空行走，使用转床模拟血液的重新分布，或通过头低位卧床模拟失重状态下人的某些生理反应。这些训练都可以使预备航天员体验失重环境下飘浮的感觉，了解和掌握失重环境下的运动与各种操作技巧。

失重训练的目的主要包括两类。一类是使预备航天员全身心感受、体验失重环境，提高预备航天员对失重应激的生理、心理稳定性；训练和掌握在失重环境中人如何定向、保持姿态平衡和运动飘浮的方法，从生理、心理和身体运动方面适应失重环境。另一类是训练预备航天员在失重环境中进食和饮水、穿脱航天服、阅读书写、转移物体、摄影录像、操作仪器设备，以及使用工具等操作技能，以使预备航天员适应失重环境，提高预备航天员在失重条件下生活和工作的技能。失重飞机做抛物线飞行时是超重和失重交替进行的，所以预备航天员在进行失重训练时要注意避免受伤。

中国航天员中心的中性浮力水槽

中国航天员中心的中性浮力水槽呈圆柱形。在其中训练时，通过调整预备航天员水槽训练服上的配重铅块，使预备航天员既不浮上来，也不沉下去，从而模拟失重环境。为了安全，还会有多名潜水员伴随保护。水槽内具有1∶1的核心舱模型。通过中性浮力水槽训练，预备航天员可以体验和熟练掌握在模拟失重状态下身体的运动与姿态控制，以及出舱活动操作的特点、方法、技巧和技能，包括开关舱门、出舱和进舱、舱外行走、舱外作业，安装新的设备、修理和更换部件等。

（4）体质训练

为了提高和巩固预备航天员的身体素质，增强预备航天员机体的抗病能力，使其能胜任载人飞行，预备航天员每周都要进行2~3次体质训练，每次训练约2小时。体质训练贯穿预备航天员训练的全过程，有助于增强预备航天员的耐力与适应性，培养预备航天员良好的心理品质，使预备航天员在漫长的训练期内能够保持良好的体能和旺盛的精力，较好地完成其他各项训练。

预备航天员体质训练的特点是针对性强，不同的人有不同的训练计划；另外，体质训练要注意避免运动损伤，必须保障预备航天员的安全，合理降低训练期的淘汰率。

链接： 体质训练通常分为两大类：一类是一般体质训练，即通过田径、游泳、爬山、体操、健身操、形体训练、球类运动、弹跳网运动等，提高航天员的速度和耐力,改善其形体、力量、柔韧性、灵活性、协调性和整体调控能力;另一类是特殊体质训练,用于辅助提高航天员对航天环境的耐力,即通过滚轮、蹦床、旋梯、浪木、旋转秋千和三维翻滚机等训练前庭功能,通过游泳和登山等训练低压缺氧耐力。

怎样对航天员进行心理检查和训练?专业技术训练包括哪些内容?

载人航天飞行是一项高风险的活动,航天员需要承受巨大的心理压力。在长期的载人航天活动中,航天员长时间在一个狭小的舱体内和单调的噪声环境中生活和工作,这也会对他们的心理产生很大影响。

1968年,"阿波罗7号"飞船指令长曾与地面任务控制中心工作人员发生争吵,该乘组集体"造反",甚至拆掉了用于测量生命体征的传感器。1970年,"阿波罗13号"飞船在奔月过程中发生服务舱爆炸险情,不过航天员坚毅果敢地采取行动,最终转危为安。1988年,苏联航天员穆萨·马纳罗夫和弗拉基米尔·季托夫在"和平号"空间站上工作了1年多,不过两人之间的关系并不友善,经过诊断发现他们在轨道上工作时性格发生了变化,后来两名航天员通过无线电与家人进行深入沟通之后,才变得通情达理起来。

因此,航天员不仅要具有良好的身体素质,还必须具有良好的心理素质和品格,即胆大心细、遇事不慌、善于控制情绪、能与他人和睦相处。

1 检测心理

航天员选拔的重要任务是对受检者进行心理选拔,选出心理素质优良的人进入航天员训练队伍。通过心理选拔,淘汰有潜在性心理病理异常的申请人,以保障航天飞行的安全和航天任务的完成。

对受检者的心理检查有多种方法，得到的结果也不一样。检查中除有明确的心理病理性证据可以直接进行单项淘汰外，通常要把通过交谈法、观察法、调查法、测试法和模拟实验法等得到的结果进行综合评定才能确定受检者的心理素质。

对航天员进行心理隔离训练

交谈法是心理学家与受检者坐在一起面对面地谈话，从交谈中获取受检者信息的方法。心理学家在交谈时通常按照事先准备好的问题询问受检者，也可以根据交谈情况向受检者临时提出新的问题。心理学家所提的问题一般包括个人爱好、职业活动、家庭情况、社会交往、特殊事件、是否受过挫折等，目的是了解受检者的情绪、性格、意志、竞争意识、人际关系、成就动机、冒险意识、职业技能、反应能力和家庭背景等。

观察法是一种有目的、有计划地对受检者的心理、行为进行观察并做出评价判断的方法。它可以作为一种独立的方法进行，不过通常会与其他方法结合进行。例如，在集体活动、航天环境适应性训练、心理交谈与测验等场合下，观察受检者的语言、表情、动作、情绪、意志、个性特征和认知特点等。

调查法是指全面收集受检者的有关材料，初步了解受检者的学历、特长、既往史、家庭状况、兴趣爱好、生活经历、事业状况、飞行资历和社会关系等情况。该方法主要采用座谈、文件分析、社会调查等方式，其中的文件主要指证书、书信、日记、个人档案、本人作品和学业成绩等；调查材料也可以包括家属、亲友、同事、同学和领导等的看法与评价。

> **链接**：简便、经济和易于实施的测试法是一种应用广泛的心理检查方法，主要包括个性测验和能力测验。个性测验有明尼苏达多相人格测验和图片投射测验等。能力测验有目标知觉、知觉速度、图形归类、符号转换、机械理解和找规律填数等一般能力测验，也有跟踪能力、警觉能力等判断决策能力测验。通过个性测验和能力测验，了解受检者的基本个性特征、心理品质与心理能力。

模拟实验法是指利用环境条件和设备模拟航天飞行中的一些环境因素，对受检者进行测试，以了解受检者的心理耐受性与适应性。所以模拟实验法往往与航天环境适应性训练结合进行。

2 提高心理素质

由于载人航天飞行需要航天员具备良好的心理素质，所以还要对通过心理选拔的预备航天员进行多种心理训练，进一步提高他们的心理素质，为成功完成载人航天飞行任务奠定良好的心理基础。

提高预备航天员心理素质需要通过全面系统的各种训练来协同完成。例如，通过航天环境适应性训练和体质训练能使预备航天员具有对航天环境的良好耐力和适应能力，并具有良好的身体素质。

要使预备航天员具有良好的心理素质，必须为他们奠定坚实的生理基础。为此，预备航天员应掌握科学的生理、心理调控方法，提高适应能力。

预备航天员一般要学习专门的心理学训练课程，从而掌握必要的心理学知识、科学的心理调控方法和科学的记忆方法，这也有利于预备航天员巩固和提高专业技术训练等的成果，因为心理训练与其他类型的训练具有相辅相成的关系。

在前文已经提到，心理训练包括航天心理学基础与心理健康教育、放松训练、表象训练、心理相容性训练和隔绝训练等。

对预备航天员进行航天心理学基础与心理健康教育，能使他们了解载人航天活动对人的影响和对人心理品质的要求，学会自我管理情绪，明确自我努力方向，掌握维护心理健康和心理调节的方法。

放松训练就是让预备航天员学习并掌握松弛反应法、自生性训练、瑜伽放松功、渐进性肌肉放松、自我催眠和自我暗示，以及进行他人催眠和生物反馈训练等。预备航天员掌握了这些放松方法和情绪自我调节方法后，可有效缓解紧张情绪。

航天员通过听音乐放松

表象训练通常结合放松训练、专业技术训练、飞行程序训练进行。通常是让预备航天员在放松的状态下想象载人航天器内部的布局，某些操作的方法、程序和动作要领，应急情况出现时所要采取的措施等，从而在脑海中建立清晰正确的表象，提升训练效果。

心理相容性训练对于 2 人或 2 人以上的航天飞行乘组而言十分重要。中国从选拔"神舟六号"航天飞行乘组时就开始重视乘组心理相容性的问题，该问题直接影响航天飞行乘组的和谐。心理相容性训练可使预备航天员学会与他人沟通的方法和技巧，以及解决航天飞行乘组内的矛盾、冲突的方式与方法，掌握正确的人际交往技能。该训练能够为预备航天员提供心理支持，可以了解言行对航天飞行乘组效率的影响，以提高航天飞行乘组的整体效能。

心理训练中最重要和最具特色的就是隔绝训练。通过隔绝训练可以发现预备航天员的潜在问题，或者挖掘他们的潜能，培养他们在狭小环境中的工作能力、耐力和适应能力，了解他们的个体心理特点和行为方式。隔绝训练也是训练期心理选拔的重要内容。

隔绝训练通常使预备航天员单人住在一间狭小的隔离室里，连续 3 ~ 7 天不间断地工作，受训者按事先设计好的作息时间表进行心理测试、生理测试、操作仪器、写作和体育锻炼，用餐食品由隔离室传递窗口按时供应。

通过学习知识与训练技能，预备航天员能够掌握航天专业知识和操作技能，以及飞行计划、飞行任务和飞行程序等，充分了解和体验载人航天的飞行过程，对载人航天活动做到心中有数。

链接： 通过航空跳伞训练、航空飞行训练，以及野外救生与生存训练，可以培养训练期航天员沉着、冷静、勇敢、无畏、坚强和果断等优良心理品质，帮助他们建立自信，提高他们分析、判断、决策和快速反应的能力。

在加加林航天员培训中心训练的航天员进行跳伞训练

3 掌握技能

专业技术训练是航天员训练中必不可少的。通过专业技术训练，预备航天员能够熟练掌握载人航天器姿态的操纵、控制，应急状态和故障的识别、判断与处理，舱载各种物品和装备的使用与操作，舱载设备的操作、维护与维修，空间实验操作、手控交会对接及太空行走等专业理论知识和各种操作技能。该训练大概需要 1.5 年的时间。

航天计划不同，专业技术训练的内容和项目也会不同。专业技术训练的内容和项目与载人航天器和航天飞行任务有关。即使在同一个航天飞行乘组中，不同岗位的航天员的训练内容也会不同。专业技术训练通常分为以下两大类：一类是训练航天员驾驶载人航天器，操作标配的舱载设备与装备，以及手控交会对接、出舱活动等基本技能；另一类是训练航天员完成某次特定航天飞行任务的技能。在这种训练中，既有理论学习，也有操作训练；既训练航天员的正常操作，也训练航天员的应急操作和故障处置；既训练舱内的操作，也训练舱外的操作。此后，还要定期安排复习和复训，以使航天员熟练掌握载人航天器的各种操作技能。

专业技术训练一般采用载人航天模拟器进行，使航天员熟练掌握驾驶载人航天器、调节舱内温湿度、监视仪表板、处理废物、检查飞行控制系统、穿脱航天服与保证气密性、监测生理指标、使用和管理舱载计算机及个人生活用品、摄像、药箱、舱载医学监督设备等技能。

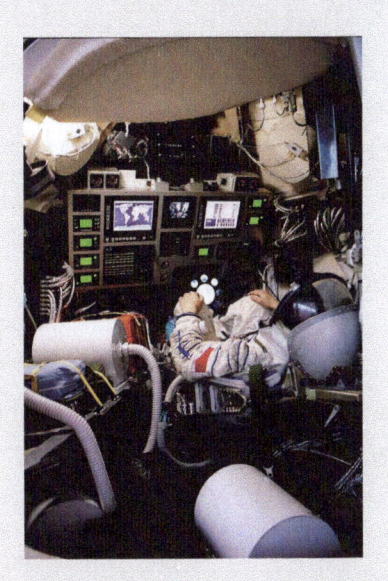

中国航天员在载人航天模拟器内进行飞船操作训练

在训练航天员掌握交会对接技术时，航天员除要学习相关理论外，还要在专项训练模拟器上进行操作训练。训练器上装有制导和控制系统，以及推进系统的各种控制器和显示装置，也提供视觉显示的星象背景和光学系统。航天员通过它可以进行航天器之间定向、定位与交会对接的模拟练习，从而掌握手控定向操作、手控靠近、停靠和分离技术。

链接： 空间交会对接是指航天器在太空轨道上按预定位置和时间相会后在机械结构上连成一个整体。它包括交会和对接2个部分。交会是指2个或2个以上航天器在太空轨道上按预定时间和位置停靠相会；对接是指2个航天器通过对接机构在太空轨道上相互接触并连成一个整体。2个航天器进行对接前要先交会，并分自动控制交会和手动控制交会，一般是在自动控制交会失灵时采用手动控制交会。手动控制交会要求航天员不断地测定与调整航天器的姿态、与对接目标的距离和接近速度，以便接近、对接和停靠目标航天器。

4 训练出舱

航天员太空行走技术训练分为技能训练和任务训练。技能训练是指让航天员熟练把握气闸舱和舱外航天服的结构、布局、性能及工作原理，掌握气闸舱和舱外航天服等相关设备的操作技能，包括正常操作和故障的识别、判断与处理，以及掌握出舱和返回程序、应急故障处置程序、在太空行走时的身体控制。任务训练是指让航天员学习如何完成某次出舱活动任务，比如维修或组装舱外设备，回收、修理和释放卫星等。

目前航天员主要在中性浮力水槽中进行太空行走训练，因为这种方法最接近实际。

出舱程序训练模拟器能模拟气闸舱相关设备和舱外航天服在使用过程中的大部分状态，为航天员提供一个逼真的身体触觉、视听环境，能仿真模拟气闸舱相关设备和舱外航天服的正常状态和典型故障状态。航天员可以利用该模拟器训练操作气闸舱设备和舱外航天服，不过主要用来训练航天员掌握出舱程序和故障处置程序。

舱外航天服试验舱可容纳2名航天员穿着低压训练服进行训练，主要进行常压和低压条件下的正常出舱程序训练与故障训练。常压训练是为低压训练做准备的。低压训练一方面能训练航天员对近似真空环境的适应能力和工作能力，能使航天员突破心理障碍，在心理上做好执行出舱活动任务的准备，另一方面也可以使航天员真实感受低压情况下的运动负荷和服装温度调控情况。

解密航天员训练

穿着低压训练服的航天员进入舱外航天服试验舱进行出舱训练

每次载人航天飞行，航天员都要完成某些特定的任务。因此，每名航天员训练的科目和内容不同，一般要根据每名航天员在航天飞行中承担的具体任务来安排训练。

链接： 总之，航天员训练主要有以下几个方面：一是通过理论学习使航天员了解和掌握所承担任务的知识与技术；二是通过训练各种设备的操作使航天员掌握每个设备的特点及其操作与维修方法；三是通过训练科学实验柜的操作使航天员掌握所承担实验的方法与程序；四是通过训练载荷项目的综合测试使航天员了解和体验航天飞行中与地面支持人员的协同配合程序，强化航天员与地面支持人员之间的协同配合。

航天飞行任务模拟训练、任务准备与强化训练分几类？为什么航天员上太空后还要训练？

航天员的训练分四个阶段，在进行专业技术训练之前，先进行航天基础理论学习与训练。在进行专业技术训练之后，进行航天飞行任务模拟训练、任务准备与强化训练。

1. 学习理论

航天员进行的第一项训练就是航天基础理论学习与训练，目的是使航天员建立载人航天活动的基本概念，掌握载人航天方面的基础知识，为后续的专业技术训练奠定基础。这种训练大概需要 1 年的时间。

不过，具体要根据航天员的文化基础水平、专业背景及载人飞行中的任务需要有针对性地安排航天基础理论学习与训练课程，从而可以"有的放矢"。航天基础理论学习与训练的课程内容主要有以下几个方面。

一是学习与航天技术相关的课程。它主要包括与运载火箭和载人航天器基本原理及操纵有关的飞行力学、空气动力学、发射总体、火箭发动机、航天工业基础、宇宙航行学基础、航天飞行控制理论、航天测控与通信技术、空间制导导航和控制技术、载人航天器设计原理及其舱载系统等，从而使航天员初步了解运载火箭及载人航天器的设计、结构、组成和运行原理，掌握相关的基础知识，建立载人航天技术体系的基本概念，为后续的专业技术训练奠定基础。

二是学习与航天飞行环境有关的课程。它主要包括天文学、大气物理学和宇宙物理学等，从而使航天员系统地了解载人航天飞行的空间环境。"阿波罗13号"飞船因服务舱出现故障没能实现载人登月，而且其导航系统也无法使用，最后航天员通过天文导航的方式返回了地球。

三是学习与航天飞行任务有关的课程。它主要包括地质学、信息学、材料科学、生命科学、流体物理、空间科学和地球生态监控基础等。这类课程通常要根据航天员所要执行的航天飞行任务来确定，主要用于开展空间科学实验。

四是学习与人体生理和心理有关的课程。它主要包括生理学基础、心理学基础、解剖学基础、航天医学基础和临床医学基础等，从而使航天员了解载人航天飞行对人的影响及可以采取的防护对抗措施，比如在载人航天飞行中会发生的疾病、损伤和不适反应，如何进行基本的诊断、处置和救护等。此项课程可以为航天环境适应性训练等打下基础。载人航天器上为航天员准备了一些药品和保健品。

解密航天员训练

技术人员在空间站实体模型前为航天员授课

链接： 另外，还有一些通用的基础课程，主要包括外语、机械学、高等数学、理论力学、计算机基础、自动控制基础、电工电子学基础、地理与气象基础等。是否学习这类课程，主要考虑航天员的基础水平、实际需要和其他因素。例如，如果航天员要参加国际载人航天训练或飞行，就要学习英语或俄语，中国航天员叶光富到欧洲与外国同行一起参加过洞穴训练，欧洲航天员也到中国参加过海上救生训练。学习地理与气象基础课可以使航天员了解有关航天器返回着陆地域的地理与气候特征。

2 熟悉程序

航天员在掌握了各种载人航天器的操作技能后，还必须对载人航天活动各个阶段的各种飞行程序了如指掌，最好做到习惯成自然。例如，航天员在发射前、发射中、进入太空后、遇到问题时、返回中、返回地面后该做什么，注意什么等，都要胸有成竹。所以，航天员训练的第三阶段是要进行航天飞行任务模拟训练。这种训练大概需要1年的时间。

航天飞行任务模拟训练主要有正常飞行程序训练、应急飞行程序训练、故障识别与处理训练、逃逸救生程序训练、全程序任务模拟训练等，从而使航天员熟悉和体验飞行环境、过程、操作和轨道生活制度，培养航天员在飞行过程中正确识别、判断和处理故障的能力。此外，这种训练通常是以航天飞行乘组的形式进行的，目的是培养、提高航天飞行乘组及乘员之间的相互配合和协同能力。

正常飞行程序训练主要是在内部结构和布局与真实的载人航天器相同的载人航天模拟器上进行的，从而使航天员熟悉和体验载人飞行环境和过程。载人航天模拟器可以模拟载人航天器飞行时的噪声、振动、运动和视景等效果。

应急飞行程序训练是通过载人航天模拟器进行故障训练，培养航天员在飞行过程中识别、判断和处理故障的能力，使航天员掌握在出现医学应急、温度应急、压力应急、火灾应急等应急情况时的识别、判断和处理技能，掌握应急返回的飞行程序，及时执行预先制定的预案。

教员在训练中首先根据航天员自身训练情况设置某种故障，然后观察航天员面对故障时有什么反应和采取什么操作。实际上，任何可以设想的故障都应让航天员进行大量的训练，直到他们在故障发生时能够应对自如。

航天飞机航天员进行紧急撤离训练

3 联合演练

航天员训练的第四个阶段就是进行任务准备与强化训练。该阶段主要针对航天飞行任务进行大型联合演练，使确定即将上太空执行航天飞行任务的航天员进一步保持熟练的航天器操作技能。这种训练大概需要半年的时间。

该训练通常是由执行任务的航天飞行乘组（也包括后备乘组或后备航

天员）与飞行期间地面支持人员一起配合，完成模拟发射、在轨飞行、返回着陆后的营救等过程的实战演练，用于使航天飞行乘组在真实的载人航天演练中与地面支持人员一起按实际飞行程序进行模拟飞行、测试，真实地体验载人航天飞行计划实施的过程，进一步熟悉本次计划的组织实施、运行方式与程序，加强航天飞行乘组与地面支持人员之间的配合与协调，增强航天员完成任务的信心，及时发现并解决各种系统问题。

这种训练通常有两大类，一类是航天飞行乘组与载人航天器、运载火箭、发射场、航天飞行控制中心的合练。以空间站任务为例，主要有人—站联合检查、人—站—地联合检查（航天员与航天飞行控制中心的合练）。另一类是航天飞行乘组与着陆场系统回收搜救人员之间的合练，包括陆上和海上的回收与营救演练。这种合练一般在实地或模拟场区按实际程序进行，使航天员实际体验返回后出舱直至被营救的全过程。

发射场进行全系统合练包括火箭的发射、入轨、运行、着陆等环节的操作、监控、通信等，航天飞行乘组必须参与其中。他们要做很多工作，例如要熟悉发射场设施等。

发射塔架是航天员在技术测试、登舱和发射前出现危险情况时紧急撤离的地方，对任务执行和紧急逃离至关重要。对从发射塔架上的第几层登舱，在第几层的逃逸滑道紧急撤离，怎样乘坐防爆电梯等，航天员都要了如指掌。

链接： 航天员需要熟悉逃逸滑道下面的出口，从出口到地下安全掩蔽室的通道，以及地下安全掩蔽室的设备，通往技术区的电缆通道等。一旦出现紧急情况，比如救援车不能及时赶到发射区，航天员可以从电缆通道快速撤到技术区的安全地带。

虽然中国航天员中心有专门的模拟技术训练设施，但是进入发射场后，航天员还是要进行"真枪实弹"的技术训练。

首先，进行登舱、出舱演练。尽管航天员在平时也进行过登舱、出舱模拟训练，但是在执行航天飞行任务之前，他们必须在真实的飞船中进行实地演练，如何登舱，登舱后脚踏什么位置，手抓什么部位，采取什么姿势，舱门如何关闭、开启等，哪怕是很小的细节都要演练到位，确保万无一失。

其次，参加人、船、箭、地联合测试。联合测试时，航天员要像真正执行航天飞行任务那样，身着舱内航天服，从整流罩的登舱口进入飞船。一切准备就绪之后，火箭开始模拟起飞，航天员要完成整个飞行过程中的关键操作动作，并及时汇报完成情况。

最后，参加紧急撤离演练。由发射场系统模拟火箭在待发段出现事故、航天员需要紧急撤离的情况。此时，航天员需要迅速从飞船中撤出，通过发射塔的专门通道跳入逃逸滑道，快速下滑撤离，到达地下安全掩蔽室。

中国航天员进行紧急撤离演练

航天员在进入载人航天发射场后，也要坚持各种训练，以保证最佳的体能和状态。例如，航天员要坚持身体训练、接受医学监督和医学保障（即医监医保）、做好隔离检疫和登船准备。航天员常规的身体训练要持续不断。中国酒泉卫星发射中心的问天阁内设有航天员健身房，航天员可在其中锻炼腰、腹、胸肌和臂力。

发射前的 7～10 天，航天员开始医学隔离，尽量减少接触细菌、病毒等微生物；进舱之前，航天员还要进行全面检疫。

中国航天员在发射前 13 个小时要保障 8 小时的连续睡眠。因为优质的睡眠能使航天员在执行任务时拥有良好的精神状态。另外，睡眠质量在一定程度上也影响着航天员执行航天飞行任务前生理测试的结果。

链接：发射当天为航天员进行体检。这次生理和心理的双重测试比往常更加重要，主要包括心电、体温、血压、心率、体重测试，以及简单的内科、外科、神经科、五官科检查，等等。如果被选中的航天员过于兴奋、激动，或者紧张、忧虑，都会出现微小的生理变化，这些变化都逃不过航天员心理医生和医监医保人员的"火眼金睛"。如果第一梯队人选在检查中出现异常情况，就有可能被后备梯队换下。

在发射前4个小时左右，航天员开始进餐。为了保证航天员的饮食安全和营养均衡，一般会有专门的营养师为航天员调配每一餐。而发射前的这一餐不仅要营养均衡，还要注意选择不刺激航天员肠胃的食物，一般会选择面条、水饺等。

在发射前2小时30分钟，第一梯队航天员会身着舱内工作服，经过专用通道来到隔离大厅，与大家话别，时间大约为5分钟。话别仪式结束后，航天员走向出征广场，向总指挥报告出征前的准备情况。

随着总指挥一声有力的"出发"口令，航天员登上专车，驶向发射塔。抵达后，差不多就到了他们准备进入飞船的时刻。在舱内他们还要进行各种准备工作，如语音通信、连接航天服管线等。一切就绪后，等待他们的就是飞船发射的神圣时刻了。

4 在轨训练

航天员在太空中执行航天飞行任务时也需要进行训练，包括各种专业技术训练。随着中国载人航天工程进入空间站任务阶段，飞行时间大幅增加，飞行任务更加复杂，航天员适时开展各项在轨训练的必要性也日趋显著，科学的在轨训练可以确保航天员准确无误地进行关键操作。

虽然目前地面航天模拟训练设备已经十分完备，但是仍不具备提供太空微重力环境下完整操作和体验的条件。为了确保航天员准确无误地进行关键操作，航天员在航天飞行期间适时地开展相关训练，真实体验、熟悉太空操作特性，进一步提高各类关键操作的熟练程度，对圆满完成空间站各项操作任务来说至关重要。

"神舟十一号"航天员景海鹏在"天宫二号"内开展手眼协调性训练

另外，地面上无法进行长期载人航天飞行中的某些空间科学实验设备和特殊操作的训练，只有在空间站中通过技术支持手段才能开展相关训练。还有，根据中国载人航天工程的自身规律和特点，训练使用的产品、设备等很难和载人航天器上的产品、设备保持完全一致，航天员只有进入载人航天器后才能进一步体验和熟悉。

链接： 通过在轨训练，还能巩固、维持航天员的专业知识和操作技能。因为如果不经常复习和训练，有些以前学习的知识会被遗忘，掌握的技能会变生疏。在空间站任务阶段，每个航天飞行乘组的飞行时间长达半年，通过在轨训练就能巩固、维持航天员在地面训练中已经掌握的专业知识和操作技能。

因为空间站系统具有极高的复杂性和工作环境的特殊性，所以它在运行过程中可能会出现各种情况，有些情况是航天员可以按照预案处理的，有些情况则是没有预案的。因此，对于较为复杂的预案外特殊情况，应在条件许可的情况下确保航天员在实施各项机动安排的任务前进行必要的训练。

例如，在中国空间站关键技术验证阶段和在轨建造阶段，航天员已酌情开展了以下在轨训练科目。

一是飞行手册复习。它主要包括对飞行程序、空间站各分系统、空间科学实验项目、复杂操作技术流程等理论知识和各专项任务程序的复习。

二是机械臂操作训练。它主要包括利用在轨训练设备开展机械臂基本操作复习、各次出舱活动任务机械臂专项训练与演练，以及机械臂在轨联合测试专项训练等。

三是出舱活动操作训练。它主要包括出舱程序复习、舱内环境熟悉、舱外航天服尺寸调节，以及着服状态下的服装操作与舱内外设备操作训练等。

"神舟十四号"航天员在设置准备安装到舱外的部件

四是交会对接操作训练。它主要包括利用交会对接在轨训练系统和元认知训练系统定期进行不同初始条件下的图像辨识、手控对接、遥操作对接、手控撤离等操作技能训练。

五是空间科学实验训练。它主要是对空间科学实验设备及有效载荷的操作训练。

六是应急救生训练。它主要包括空间站不同构型、不同应急情况下的紧急撤离演练等。

七是医疗技能训练。它主要包括医疗救护流程复习、医疗设备与器材操作训练、医学处置与急救技能训练等。

八是空间站维修、排除故障及新增任务。

航天员有哪些救生物品？怎样进行航天员的救生与生存训练？

载人航天目前还是一项高风险的事业，故障与事故常常出现在载人航天器的发射和返回过程中。至今全世界共有 22 名航天员献出了宝贵的生命，其中有 4 人是在地面训练和试验时牺牲的，其他人均是在发射或返回时牺牲的。为此，航天专家千方百计地研究了一些救生手段和措施。

载人航天器在发射塔架上出现故障时，航天员可以通过应急脱离载人航天器的高速升降机及半自由下降和下滑钢索等来救生。如果载人航天器升空不久后发生事故，航天员可以通过火箭上的逃逸救生塔或整流罩逃生。载人航天器在轨运行段的救生设备及手段是航天员利用载人航天器内的安全救生设备（如航天服等）提前返回地面，情况紧急时，地面系统还可以发射救生飞船或航天飞机将航天员接回来。

链接： 自救也很重要，因为载人航天器中都备有应急药品和救生器材。载人航天器在下降着陆过程中遇险时，航天员主要靠备份装置救生，如备用降落伞。如果着陆后落入非预定地域，可利用个人救生物品，如通信设备、口粮、水和其他自救装备来维持生命等待救援，这时候野营与救生工具最有价值。

为此，航天员上太空前要进行救生与生存训练，以便掌握发射前、飞行中、返回后的救生与生存技能。救生与生存训练主要包括发射前紧急撤离训练，飞行中的救生训练，着陆后的出舱训练、生存训练和营救训练。

1 待发射段

待发射段是指航天员进入载人飞船到载人飞船升空这一阶段。航天员进入载人飞船后首先要做 2～3 小时的准备，然后运载火箭点火升空。在这一等待发射的阶段，运载火箭或载人飞船都可能出现故障，其中有的故障甚至可能导致"箭毁船亡"，为此，必须准备相应的逃逸救生措施来保证航天员的生命安全。

目前，待发射段的逃逸救生措施有多种，例如，紧急撤离索道、紧急撤离滑道（逃逸滑道）、紧急撤离防爆电梯、运载火箭顶端的逃逸救生塔和载人飞船自备动力逃逸系统等。各国根据各自运载火箭和载人航天器的特点采用了适合自身的方法。例如，在载人航天器起飞前，美国采用紧急撤离索道，中国采用紧急撤离滑道来紧急逃逸救生。

航天员要掌握待发射段的任何一种紧急逃逸救生方式，事先都要进行训练，这样才能使航天员知道在待发射段会出现哪些危险情况，届时应该采用哪种紧急逃逸救生方式和程序，如何使用紧急撤离逃生相关设备。

训练航天员在紧急情况下撤离航天飞机

例如，如果在待发射段出现比较小的事故，航天员可以直接使用紧急撤离滑道；只有出现运载火箭有可能要爆炸等大的事故，才会使用逃逸救生塔的方式使载人飞船带着航天员与运载火箭分离，从而降低风险。

待发射段的逃逸救生的训练通常是首先进行理论授课和观看录像，使航天员了解载人飞船逃逸系统的设计、工作原理、逃逸飞行的过程和特点，以及待发射段出现什么故障时才能实施逃逸；然后让航天员实地进行紧急撤离索道、紧急撤离滑道、紧急撤离防爆电梯等设备的操作，熟悉撤离程序。

2 其他逃逸救生

载人航天器升空后，如果出现危险情况，航天员要进行逃逸救生。

1975年4月5日，2名苏联航天员乘"联盟18号"飞船前往"礼炮4号"空间站。起飞后288秒，航天员感受到严重的偏航与滚转。这时仪表盘突然显示"助推器故障"，舱外发动机声音消失，舱内警报大作，随后航天员处于失重状态。为此，航天员决定将"联盟18号"飞船与第三级火箭分离，飞船推进舱点火，在飞船三舱分离之前将其带离危险区域，随后进行弹道式再入。再入过程中，航天员渐渐受到重力缓慢的、令人不适的牵引。最终过载非常高，超出他们的想象。一股看不见的力将他们压向座椅，眼皮像灌满了铅，呼吸开始变得越来越困难。过载压迫着航天员无法说话，只剩下喘息声。航天员尽最大努力承受着过载。

链接： 事后调查显示，在这次弹道式再入中，航天员承受了 14～15g 的过载，其中峰值过载更是高达 21.3g。随后，飞船成功降落在距离中国边境 800 千米左右、积雪深达 1.5 米的野外。尽管历经磨难，但2名航天员都以良好的状态活了下来。这次发生事故的飞行高度更高，达到150千米，弹道式再入的重力加速度更大，逃逸救生方式为船箭应急分离——即飞船整体与火箭分离，依靠推进舱脱离危险区。

2018年10月11日，俄罗斯"联盟-FG"运载火箭发射"联盟MS-10"载人飞船后第123秒，火箭助推级分离时发生了故障，芯级火箭发动机突然关闭。航天员感到"失重"状态，及时发现异常，因此紧急启动了飞船上的发射中止系统，最终成功自救，"联盟MS-10"载人飞船最终降落在哈萨克斯坦境内距离热兹卡兹甘机场约25千米的位置。事故发生后，俄罗斯立即派出4架米-8直升机在哈萨克斯坦境内进行航天员搜救工作，及时将2名航天员救出。

载人飞船在上升过程中的逃逸救生手段主要是逃逸救生，它通常采用自动控制或被动控制方式，由载人飞船上和运载火箭上的程控指令控制或地面上的航天飞行控制中心发出遥控指令控制，当程控和遥控指令都失灵时，由航天员实施手控逃逸。上升段飞船的逃逸救生训练与待发射段基本相同，但是增加了在模拟器里进行相应的手控操作及程序训练。

美国"阿波罗"系列载人登月飞船逃逸系统进行飞行试验

在载人航天发展的初期，苏联"东方"系列载人飞船在出现紧急情况时采用弹射救生技术，所以要对航天员进行跳伞训练。由于系统技术复杂，美国的航天飞机在升空和返回时没有逃逸救生手段。1986年1月28日，美国"挑战者号"航天飞机升空73秒时由于故障而凌空爆炸，机上7名航天员全部牺牲。2003年2月1日，美国"哥伦比亚号"航天飞机在着陆前16分钟因为故障而空中解体，机上7名航天员全部牺牲。

链接：如果载人航天器入轨后发生紧急情况，航天员要按照预先制定的预案在地面上的航天飞行控制中心的指挥下提前返回。如果空间站出现大的故障需要航天员紧急撤离，或者航天员在空间站出现重大疾病等大问题，要由停靠在空间站的载人飞船运送航天员紧急返回地面。这些训练是结合应急飞行程序训练完成的,需要在模拟器中进行大量的模拟训练。

3 怎样救生

1965年,载有2名航天员的苏联"上升2号"飞船在返回地面过程中,由于自动导航系统失灵,飞船无法为返回地面准确定位,结果飞船返回舱着陆在偏离预定着陆地点1300千米的乌拉尔山脉终年积雪的一个偏僻山坡上。虽然几架搜索直升机很快找到了2名航天员,但是因地势复杂无法降落,只能在上空盘旋,投下食物和防寒衣服后便飞走了,这使列昂诺夫和别列亚耶夫不得不返回返回舱休息。一直到第二天,当地的伐木工人修了一个直升机着陆坪,搜救人员坐雪橇滑了20千米赶往航天员降落地点,终于找到了2名快要冻僵的航天员,并用雪橇将他们带到新修的直升机着陆坪,用直升机将他们带回了拜科努尔航天发射场。

2008年,韩国女性航天员李素妍搭乘俄罗斯飞船返回地球时,飞船出现故障,以过载很大的弹道方式返回,重力加速度达到10g,所以在着陆时李素妍的身体受到了很大冲击,且飞船在偏离预定着陆地点420千米的地方着陆。

所以,为了应对载人飞船返回时可能出现故障而没有落到预定地点的情况,载人飞船的返回舱都要具有一定的应对措施。例如,中国"神舟"系列载人飞船返回舱具有着陆后支持航天员陆上生存48小时、海上生存24小时的能力。

即使这样,也会给地面的救援工作带来一定困难。如果载人飞船的返回舱着陆在沙漠、森林或海上等非预定区域,航天员就要靠野外救生能力坚持一段时间,以等待搜救人员的到来。所以,航天员要进行着陆后的救生训练。

中国航天员进行水上救生训练

链接： 通过着陆后出舱训练，航天员可以了解和掌握返回舱着陆后在什么条件下应该出舱，出舱前需要做哪些准备工作，乘员之间应该如何配合，掌握正常着陆和异常着陆情况下的出舱方法和程序，特别是在海上出舱时的方法和程序，以及直升机悬吊的动作要领。海上出舱训练通常与海上生存训练相结合。航天员还要学习有关国际救援的常识。

4. 野外生存

如果返回舱落到距离预定着陆地点很远、环境条件很差并且难以通信的地方，搜救人员无法及时赶到，航天员就只能依靠携带的个人救生物品和装备维持生存。这时，航天员就要发挥野外生存能力、机体储备和优秀的心理素质坚持较长时间，以等待搜救人员的到来。因此，牢牢掌握野外生存技能是航天员训练中的一项必修课，他们要进行以下野外生存训练。

一是要让航天员通过学习降落区域的地理气候特征等知识，熟悉返回舱着陆后可能遇到的森林、寒区、沙漠、海洋等恶劣环境的特征，并学会识别可食用的动植物，以及掌握辨认方向、取火备餐、建造住所的方法和生存技能，养成良好的心理品质和坚定意志、协同配合能力和团结协作精神。此外，这种训练还可用于评价和研究航天飞行乘组内航天员的性格特点、心理相容性、个人心理素质。

二是要训练航天员使用个人救生物品和装备。每次载人航天飞行均会为航天员配备生存用品、救生联络物品、医疗卫生用品等个人救生物品和装备。因此，在训练过程中，航天员要熟悉和掌握这些个人救生物品和装备的原理、性能及使用方法。

生存用品主要有食盐、驱鲨剂、蓄水袋、引火物、生存刀、指北针、保温袋、救生船、救生饮水、救生食品、自卫手枪、抗风火柴、救生渔具、防风尘太阳镜、救生物品包、抗浸防寒漂浮装备、抗浸防寒服等。它们能为航天员提供返回着陆或着水后等待救援期间的生存支持。

救生联络物品主要有救生电台、卫星电话、闪光标位器、光烟信号管、救生信号枪、卫星定位仪、太阳反光镜、海水染色剂、救生口哨等。它们主要用于航天员返回着陆或着水后，航天员与搜救人员相互间的导航、定位、通话，通过闪光或反射光、发烟或发光药柱、海水染色及哨声等发送信号，以便于搜救人员及时发现、营救和转移航天员。

飞船返回舱内配备的医疗卫生用品主要有镇痛、消炎、驱蚊虫、蛇药、外伤药等个人急救药品，以及敷料、绷带、止血带、骨折固定板等少量急救器械，用于及时开展自救和互救。

三是要安排航天员在不同的地质和气候环境下进行野外生存训练。在航天员了解了野外生存知识、掌握了个人救生物品和装备使用技能之后，就可以根据返回舱可能着陆的区域及返回的季节选择相应的实战训练了。航天员在平时的训练中要定期进行野外生存训练，比如海上生存训练、沙漠生存训练、森林生存训练等。

航天员刘洋（中）在沙漠中进行生存训练

链接： 进行野外生存训练时一般将返回舱、航天飞行乘组等安排在某一环境中，让航天员在这种环境中生存24～48小时，使他们运用所学的知识和技能开展陆地或海上生存训练活动。陆地生存训练活动主要是让航天员学会使用通信联络设备确定方位和求救，使用返回舱、降落伞等器材建造临时住所和防热、防风、防沙掩体，通过钓鱼、狩猎、采集可食用的野生植物等充饥，还要学会防备毒蛇、害虫和野兽的袭击。

5 典型案例

2022年6月16日，中国第三批18名航天员赴巴丹吉林沙漠开展了野外生存训练。这是继2018年中国首次在着陆场区沙漠地域组织航天员野外生存训练之后，中国航天员再赴大沙漠，开启为期10天的真实版"荒野求生"。此前，中国航天员还曾在山东烟台附近海域、东北地区丛林开展了海上救生和丛林救生训练。

在被誉为"沙漠珠穆朗玛峰"的巴丹吉林沙漠深处，身穿舱内航天服的航天员以3人乘组的形式，需要在48小时内模拟经历从返回舱着陆后航天员自主出舱、报告着陆位置、等待救援，并利用现有物资进行自救，直到被成功搜救的全过程。

这次训练主要针对空间站航天飞行任务载人飞船应急返回着陆沙漠地域的特殊情况，旨在进一步提升航天员野外救生技能，锻炼意志品质，增强团结协作精神和凝聚力。因为他们可能会在野外遇到各种意外情况，比如在发生骨折、皮裂、烧伤、冻伤等情况时，需要紧急自救，如果通信设备失灵，还需要点燃篝火与外界取得联系，甚至还会面临与毒蛇、猛兽搏斗的风险。此外，补充食物、获取饮用水也是野外生存的必备本领。

此次训练中，18名航天员分为多组多批次，模拟了沙漠野外生存训练的全过程，开展了远距离求救联络及野外生存掩体搭建、野外生存及近距离求救联络、沙漠野外行进等科目。

沙漠干旱少雨、空气干燥。面对严酷的自然环境，航天员首先要使用救生电台、卫星定位仪、卫星电话等进行初期的求救联络，然后观察四周地形，利用自然条件、所带装备和返回舱、降落伞等搭建遮阳、保温的掩体，在沙漠里生起篝火、烧水、烹煮食物。

之后，航天员还要想方设法地进行近距离求救联络，根据指北针、卫星定位仪显示方位，确定转移与行走的路线和方向。在制作好简易路线图、背包和拐杖后，众人佩戴防风尘太阳镜、救生电台、卫星定位仪等设备以及自卫工具，按照预先确定好的路线行走，到达预定地点。

在训练中，部分航天员将降落伞

航天员在野外训练中使用降落伞搭建掩体

的引导伞改装成轻便的小红帽,既遮阴又挡风沙。他们拾取干枯的骆驼刺,用放大镜聚光取火,燃起篝火。夜幕降临后,航天员们会坐在篝火边规划日程,交流飞行经历、训练趣事。

链接: 沙漠救生训练的难点不仅在于沙漠的自然环境严酷艰苦,更在于可利用的自然资源和航天员现有的水、食物及其他物资相当有限。由于每人只配发 5 千克饮用水,航天员甚至不敢大口喝水,必须精打细算。为了轻装上路,他们还要在保证生存需要的前提下对携带的物资进行合理取舍。

另外,在野外生存训练中,航天员需要克服大风扬沙、烈日高温、降雨降温等恶劣气象条件的考验,真实体验沙漠的自然环境,同时进一步验证救生物品配置的合理性,为后续的设计、改进提供依据。

如何模拟冷黑和真空等太空环境?用什么设备来模拟超重环境和失重环境?

具有高真空、强辐射和大温差等特征的太空环境与人类生活的地面环境有天壤之别,十分恶劣和复杂,所以为了开展载人航天活动,除了要研制能让人与太空环境隔离且具有良好维生环境的载人航天器,航天员在上太空前还要使用能模拟各种太空环境的设备和技术进行艰苦训练,才能避免上太空后发生意外,完成预定的载人飞行任务。为此,航天员要熟悉和掌握能模拟太空环境的设备和技术。

1 模拟冷黑环境

因为宇宙空间冷黑环境的等效温度只有 3 开,热吸收率为 1,所以宇宙空间能被视为没有热辐射和热反射的理想黑体。在没有受到太阳辐射时,那里是一个完全"黑"和"冷"的环境。因此，在这个又"黑"又"冷"的空间中飞行的物体，其所发出的所有热能会被完全吸收，这个环境也称"热沉环境"。这种"黑"和"冷"的环境会极大影响在轨飞行的载人航天器和航天员太空行走时所穿的舱外航天服的热性能，所以在设计和研制载人航天器和舱外航天服时，一定要充分考虑这些特殊因素，并把载人航天器和舱外航天服置于模拟太空"黑"和"冷"的环境里进行严格的热真空和热平衡试验，以验证它们的热设计和热性能是否满足进入太空、完成航天飞行任务的需求。

那么，在地面怎样模拟太空"黑"和"冷"的环境呢？目前大多采用铝、铜或不锈钢材料制成的构件，在其内表面涂上高吸收率的特制黑漆，并把液氮通入构件内部，这种装置叫"热沉"。包括中国在内，现在世界各个航天国家都采用这种以液氮作为冷源的热沉来模拟太空"黑"和"冷"的环境。热分析理论计算和试验数据分析表明，用由液氮和吸收率为0.9以上的黑漆制成的热沉来模拟太空"黑"和"冷"的环境，误差只有1%左右，所以可以满足模拟太空"黑"和"冷"环境的试验需求。此外，为了大大减少模拟设备的投资和显著降低技术难度，没有必要营造更低的温度。

2 模拟真空环境

载人航天器一般运行在300～500千米高的地球轨道，如果运行在低于300千米的地球轨道，载人航天器受地球残余大气的影响会比较大，轨道衰减会比较明显，这就需要经常启动发动机来提升轨道高度，从而增加运行成本；如果载人航天器运行在高于500千米的地球轨道，容易受到范艾伦辐射带的影响，会对航天员身体造成一定伤害，并且会增加运载火箭的成本和技术复杂性。所以，中国和其他国家的载人航天器大都运行在约400千米高的地球轨道。

链接：如果载人航天器运行在500千米高的地球轨道，那里的真空度大约为10^{-6}帕；如果载人航天器运行在1000千米高的地球轨道，那里的真空度大约为10^{-8}帕。在地面上有3种热传递方式：对流、热传导、热辐射，在没有大气层的太空中，主要通过热辐射来传递热量。

其实，在真空度优于 10^{-2} 帕时，热辐射就已经成为主要的热传递方式了，这种环境下可以忽略对流和热传导的效应。所以，载人航天器和舱外航天服上太空前要进行热真空试验和热平衡试验，以分析、掌握太空真空环境对载人航天器和舱外航天服热特性有多大影响。

为此，载人航天器和舱外航天服要事先在真空度能达到 10^{-3} 帕数量级的空间模拟设备内进行模拟试验，以模拟载人航天器和舱外航天服在地球轨道真空环境中的热交换效应。

模拟太空真空环境的试验设备是一套庞大的地面热真空试验系统。该系统的主体为一个圆筒形的设备，即真空罐。其内部有通液态氮的管路，当管路内充满液氮后，液氮的循环流动可以使真空罐内的温度降低到 -100℃。其外部有由各种真空泵组成的抽真空系统和测量控制系统。真空罐的一端或侧面有一个既能保证密封又可以开关的盖子，被试设备就是从这里被放入真空罐内的。同时，真空罐内还有模拟太阳照射的装置。试验一开始，真空罐被抽成真空并开始降温，还会进行温度的交换变化。被试设备在这样的环境中按照工作程序进行连续几天甚至十几天的试验，从而考验被试设备及其各分系统在这样的环境条件下能否可靠地工作，是否具备预期的性能。

中国"天宫"空间站的"天和"核心舱被吊入真空罐进行热真空试验

3. 模拟辐射环境

太阳时刻在向宇宙空间辐射能量，太阳光的波长覆盖从 10^{-14} 米到 10^4 米的宽阔区域，不同波长的太阳光辐射的能量也不同。可见光辐射的能量最大，可见光和红外光的辐射能量占太阳总辐射能量的 90% 以上。

另外，太阳有一些特别显著的特征。例如，太阳黑子，其特征是磁场强、温度相对较低，太阳黑子的数量和位置会呈现出周期性变化，即太阳 11 年活动周期。太阳耀斑，这是一种强烈的辐射爆发，非常明亮，可以持续几分钟到几小时，它是太阳系中最激烈的爆炸事件，所辐射的光的波长横跨整个电磁波谱。日冕物质抛射，即太阳的外层大气日冕会突然猛烈地释放等离子体和磁场物质，一场规模巨大的日冕物质抛射现象可抛射数十亿吨的物质，这些物质会被加速到极高的速度冲向太空，可能与任何行星或航天器发生撞击。

链接： 无论是太阳黑子、太阳耀斑，还是日冕物质抛射，它们的根源都是太阳磁场。变化的太阳磁场不仅可以在光球层产生太阳黑子，还能触发太阳耀斑和日冕物质抛射。太阳耀斑和日冕物质抛射产生的磁云会裹挟着大量带电高能粒子直奔地球而来，导致地球磁层和电离层扰动，导致载人航天器轨道衰变，有效载荷发生故障甚至毁坏，威胁航天员健康，干扰通信和导航系统。

太空中的载人航天器和舱外航天服主要接受来自太阳可见光和红外辐射的能量、地球反射太阳辐射的能量、地球大气的热辐射能量三部分辐射能量。它们的结构外形、飞行轨道和表面材料特性决定了能吸收多少这些能量。例如，虽然波长小于 300 纳米的紫外光辐射的能量只占太阳总辐射能量的很小一部分，但是它会使材料表面的光学性能发生很大的变化。

对载人航天器和舱外航天服进行太阳辐射模拟试验，能模拟太阳辐射环境对载人航天器和舱外航天服产生的太阳光谱光化学效应和太阳光谱热效应。假如只模拟后者，可称为"空间外热流模拟"，并有 2 种方法：一种是"吸收热流模拟法"，或者叫"红外模拟法"；另一种是"入射流模拟法"，或者叫"太阳模拟法"。通常情况下，外形规则且表面材料形状单一的载人航天器大多采用红外模拟法进行试验。外形和表面材料形状复杂的载人航天器大多采用太阳模拟法进行试验。假如需要模拟紫外辐射环境的光化学效应，可使用紫外辐射模拟器进行试验。

另外，还可以把装有辐射测量设备的模拟人送上太空，以测量太空中的实际辐射。

美国在 2022 年发射的首艘"猎户座"无人绕月飞船内放置了人体模型，用于测量飞行过程中驾驶舱内的力和辐射

4 模拟超重环境

在航天员的选拔和训练过程中，一项比较难的考验就是航天员要承受 8 倍于自身体重的压力，进行这项选拔和训练时航天员的脸部肌肉会因为强大的牵扯力而严重变形，眼泪不自觉地往外流，同时感到呼吸困难。此外，航天员还会出现脑部缺血现象，在这些情况下，他们还必须完成各种技术动作。

为什么航天员要进行这种超重耐力适应性训练？这是因为载人航天器在发射和返回的过程中会进行加（减）速运动，其产生的惯性力和运载远大于人体在地球表面受到的地球引力，这时人体就处于超重环境中。为此，在实际的载人航天器发射和返回过程中，航天员通常要承受 5～8 倍于自身体重的压力（即 5～8g 过载），持续时间和峰值与载人航天器返回时的再入角度及航天器本身的动力状态有关。如果是异常情况下的应急返回，航天员经受的超重过载值还会更大。超重过载的持续时间通常为数十秒至数分钟。

链接： 不同方向的超重过载引起的人体生理反应不同，其中对人体影响较大的是胸-背向超重（也称"横向超重过载"）和头-盆向超重（也称"纵向超重过载"）。其数值大小、作用方向、变化速率和持续时间是描述航天员所承受的超重载荷的主要参数，也是超重环境模拟设备需要模拟的主要参数。

加加林航天员培训中心具有最高超重可达 30g 的离心机

目前，在地面进行超重耐力适应性训练的主要设备是载人离心机，通过调节离心机转速可以形成不同的超重环境。这项训练可以增强人体对超重环境的耐受能力。航天员要在高速离心机里持续承受 8g 过载长达 40 秒。

在进行这项训练时，中国航天员的手边有一个红色按钮，训练过程中，谁觉得自己坚持不下去了，按下该红色按钮就可以停止训练。中国女性航天员王亚平在第一次登上离心机时，面对机械臂的高速旋转，她感觉全身就像被大石头压着一样，丝毫动弹不得，而且头晕恶心，浑身冒汗，后来，她通过转移注意力等方法成功过关。

5 模拟失重环境

载人航天器进入太空之后，舱内的航天员会在失重环境中生活和工作，这不是说航天员不再受地心引力的作用，只是他们感受不到重力了。根据牛顿的万有引力定律，引力与距离的平方成反比，太空中的航天员距离地表大约400千米，与6371千米的地球半径相差很多，他们距离地心只是稍微远了一些。通过计算可知，航天员受到的地心引力只比在地表上弱了约12%。

真正使航天员失重的原因是他们一直在做自由落体运动。试想，地面上有一门大炮，水平打出一发炮弹，炮弹出膛后没有额外的动力，在地心引力的作用下，炮弹会以抛物线的形式飞行，最终会落到地面上。炮弹能飞多远取决于初速度，初速度越快，飞行距离越远。

由于地球是一个扁球体，表面是弯曲的，当炮弹的初速度达到7.9千米/秒时，炮弹的飞行轨迹刚好与地球表面平行，炮弹就不会掉到地球表面上，而是绕着地球一直飞行。7.9千米/秒就是我们熟知的第一宇宙速度。载人航天器就是以这么快的速度绕着地球做圆周运动的，万有引力刚好充当圆周运动的向心力，所以载人航天器一直在做自由落体运动而不会掉下来，从而感受不到重力。

链接： 当载人航天器在轨道上以第一宇宙速度围绕地球飞行时，产生的惯性力近似地与所受到的地球引力相互抵消，使载人航天器和内部的航天员处于失重环境中。严格地说，其实航天员所处的是微重力环境，因为受多种因素的影响，舱内的重力量级在 $10^{-4} \sim 10^{-3}g$ 水平，并不是真正为零。

不过，地面设施很难长时间模拟失重环境，目前主要通过失重飞机来短时间模拟失重环境，航天员通过这种飞行训练来掌握失重环境下穿脱航天服等技能，消除人体对失重环境的恐惧等。失重飞机由高性能喷气式飞机改装而成，能容纳 20 余人同时训练。舱内两侧装有把杆，并在地板上铺有厚厚的软垫。它每次进行抛物线飞行时可产生 25～28 秒的失重环境。中国航天员使用的俄罗斯伊尔 -76MDK 大型失重飞机一个起落可飞 15～20 个抛物线。

中国航天员在失重飞机上进行训练

另外，为了保障航天员顺利执行出舱活动任务，航天员通常在地面中性浮力水槽中进行大量的太空行走训练。中性浮力水槽是模拟太空失重环境的重要设施，它可以通过配重或配浮方法，使穿着水槽训练用舱外服的航天员在水中受到的浮力和重力大小相等，质心和浮力的位置基本重合，这时航天员会产生一种类似太空失重环境下的飘浮感。在中性浮力水槽中，能使用航天器模型对航天员进行作业训练，航天员可以掌握失重状态下运动的协调性及姿态控制、空间运动、空间操作、运送货物和维修作业等活动的方法和技巧，这种训练逼真、有效。

有什么办法可以应对载人航天活动中的冲击？中国主要有哪些载人航天环境模拟设备？

在载人航天飞行中，航天员还会遇到载人航天器发生撞击、缺氧和失压等情况，为此都要有应对措施，以预防为主。如果发生撞击、缺氧和失压等情况，要按照各种预案妥善应对。

1 应对冲击

在载人航天飞行过程中，航天员会面对多种振动、冲击环境等。例如，在运载火箭发射载人飞船时，要完成起飞、逃逸塔分离、助推器分离、整流罩分离、一二级分离和箭船分离等一系列动作。在载人飞船返回时，也要经历各舱段分离，先后打开引导伞、减速伞、主伞，离地面 1 米时启动缓冲发动机，最后以大约 3 米 / 秒的速度着陆等一系列动作。

这些动作都会不可避免地产生振动、冲击进而影响到航天员。尤其是在进行分离操作时，火工品点火、发动机关机、飞行器级间解锁等动作会产生爆炸冲击环境。不过这种冲击载荷衰减得很快，因此只对航天器上的工程构件有较大影响。但是载人飞船的返回舱在返回着陆过程中的开伞冲击和着陆冲击等对人体有较大影响。假如在载人飞船发射时启动逃逸救生程序，或者在返回时进行弹道式再入，航天员会面临高载荷的冲击环境。

模拟冲击环境的冲击塔

链接： 冲击载荷如果过大，会使航天员的身体受到较大的影响，航天员容易出现严重的机械性损伤。所以，载人航天器的运载火箭系统、逃逸救生系统、着陆系统、伞-舱-座椅缓冲系统和束缚系统等有关工程系统的性能一定要满足冲击医学的要求，将航天员在各种冲击环境下承受的冲击载荷限制在人体可耐受范围之内。

伞-舱-座椅缓冲系统是作为返回舱落地前反推发动机点火反推的备份。它的基本原理是通过提升座椅来实现缓冲。由于中国的"神舟一号"到"神舟四号"飞船不载人，伞-舱-座椅缓冲系统的缓冲性能未得到足够的验证。"神舟五号"载人飞船发射之前，专家发现伞-舱-座椅缓冲系统采用的拉刀式缓冲方案的过载较大，不能满足航天员安全所需的指标要求，这时距离计划发射时间已经不足3个月。为了确保航天员的绝对安全，有关领导决定更改方案，采用性能更好的胀环式缓冲方案。经过研制单位和科研人员49天的努力，终于使该系统在2003年9月15日通过了评审，将其准时送到发射场进行更换，并成功地经受了飞行考验。

"神舟五号"和"神舟六号"载人飞船的座椅采用了火工品爆燃提升的设计。为了防止有害气体泄漏，从"神舟七号"起，座椅使用压缩空气取代燃气，并相应地增加了一套气源组件系统作为动力源，这意味着即便气体发生泄漏，也不会对航天员的身体产生任何不利的影响。

为了将返回舱着陆时对航天员的冲击载荷降至最小，"神舟六号"载人飞船的座椅上首次安装了赋形减震坐垫，它也可以对航天员起到有效的保护作用。赋形减震坐垫是根据航天员形体的不同特征而量身定制的一种吸能坐垫，可在发生撞击的瞬间有效地分散人体的应力，避免人体出现损伤。这种坐垫吸收了国外类似产品的优点，性能达到国际先进水平，每副造价为10万元人民币左右。在用于"神舟六号"载人飞船之前，赋形减震坐垫参加了多次返回舱跌落和空投试验，并利用力学假人进行了验证，结果表明其可以对航天员形成有效保护。

2. 人工环境

为了使人能够在恶劣的太空环境中生活和工作，必须使用有密封加压舱的载人航天器将航天员和太空环境隔离，以免使航天员受到高真空、强辐射、大温差等太空环境因素的影响。载人航天器密封加压舱有环境控制与生命保障系统，它能在舱内创造与地面基本相同、适宜人生活的人工大气环境，从而为航天员提供适宜的太空生活和工作的条件。

在研制载人航天器的密封加压舱时要对绝热设计、结构设计、环境控制与生命保障系统等工程设计提出相应的医学要求，以使密封加压舱内的人工大气环境符合人的生理需求。例如，在载人航天器进行正常飞行时，必须使密封加压舱人工大气环境中的航天员能像在地面一样自由呼吸，并且保证温湿度适宜，不会出现缺氧或二氧化碳中毒等症状，也不会得减压病、耳膜损伤等其他伤病。

对密封加压舱的人工大气环境提出的医学要求也要在工程上合理和可行，为此，要用密封加压舱大气环境模拟设备进行许多航天环境医学研究实验。所以，地面需要建立各种大型的环境模拟试验设施。

链接： 在载人航天飞行中，密封加压舱超期服役可能会出现故障或受到太空垃圾、微流星和陨石等的高速撞击，尤其是迎头撞击时，舱壁可能被击穿，从而发生泄漏等突发事故。泄漏事故十分危险，它会使密封加压舱迅速减压，威胁航天员的安全，导致航天员得减压病，或发生严重急性缺氧、体液沸腾甚至死亡。1971年，"联盟11号"载人飞船在返回时返回舱出现泄漏事故，而且舱内3名航天员都没有穿能提供几十分钟氧气和压力保护的舱内航天服，结果全部因缺氧和体液沸腾而牺牲。

"联盟11号"载人飞船返回舱着陆后，营救人员对航天员进行抢救

因此，一定要有应急防护措施，以防密封加压舱发生紧急失压故障。

最常用的应急预案是航天员要穿上舱内航天服，这样密封加压舱内的环境控制与生命保障系统就可以向舱内航天服提供大流量的纯氧；另外，舱内航天服上的压力调节阀可以将服装内的气压维持在一定的压力水平，防止航天员得减压病和发生体液沸腾。紧急失压故障在载人航天器发射、返回、对接和变轨时容易发生，所以在这些飞行阶段，航天员必须穿着舱内航天服，以预防不测。

当然，穿着舱内航天服是一种二级防护手段，一级防护手段是密封加压舱。如果密封加压舱出现小的漏气事故，一定要及时采取修补或封闭舱段等措施，舱内的环境控制与生命保障系统也要马上转入压力应急状态工作模式，例如，加压供氧系统自动为失压的密封加压舱供氧补氮，减缓其缺氧、减压速度，以便使航天员在穿舱内航天服时不会得减压病等影响航天员健康的疾病。

当然，在选拔航天员时，要选拔减压病易感性低和低压缺氧耐力强的人，这样可使其对压力应急环境有较强的对抗能力。在航天员的训练中也要加强各方面的技能训练，以防止因人员误操作而导致载人航天器出现压力应急事故，并使航天员具有紧急应对压力应急状态的能力。

3 两种模拟

在地面使用相关设备模拟太空环境具有重要意义，有助于航天员未来在太空中开展多种科学实验和技术试验，因为这样可以使航天员在训练过程中首先了解、熟悉和适应太空环境，然后发现和解决在太空环境中遇到的问题和方法，为航天员上太空完成预定航天飞行任务奠定重要基础。

虽然使用相关设备模拟的太空环境与真实的太空环境有一定差距，但是对于航天员的训练来说还是能实现比较好的效果。这种模拟可以分为两种：一种是真实地复现航天环境，另一种是效应模拟。效应模拟是指在受到科技发展水平的限制或费用太昂贵，无法或难以实现等效模拟的情况下采用特殊的方法来模拟航天环境的效应。

目前大部分载人航天模拟设备采用效应模拟的方式，其目标可以是医学生物学效应等效，也可以是主观感觉效应等效，或者是物理效应等效等。

最常见的模拟太空环境设备就是人用离心机。它由转台、旋转臂、飞行模拟座舱、超重值测量系统、生理信号监测系统、摄像监视与通话系统、拖动系统、转速控制系统和引电环系统等组成。该设备可模拟载人航天器深空和返回时的超重环境，并且重复性好、安全可靠、参数可控，大量实践证明使用人用离心机对航天员进行超重耐力适应性训练是有效可行的。

中国航天员中心人用离心机旋转臂半径为 8 米，最大过载值可达 16g，飞行模拟座舱为单人单轴舱。

航天员在人用离心机中训练时，脸部会发生变形，胸部会感觉到呼吸困难，眼泪会不自觉地往外流。不仅如此，航天员还要在人用离心机里面判读信号，随时回答提问。如果训练过程中感到不舒服，可以随时按压红色按钮请求暂停，但是这会产生记忆，在后面的训练中就无法克服。航天员会通过转移注意力、使用正确的呼吸等方式来对抗压力，增强和维持自身抗超重的能力和稳定性。

中国航天员中心人用离心机

4 模拟大气环境

在密封加压舱大气环境模拟设备方面，中国已研制了"神舟"系列载人飞船的飞船内环境模拟舱和舱内航天服试验舱等，它们能模拟密封加压舱的人工大气环境。

飞船内环境模拟舱可提供不同的座舱压力、增压和减压速率、氧浓度、二氧化碳浓度、温度及湿度等试验环境，可用于航天医学实验。中国采用的飞船内环境模拟舱舱体直径为 2.8 米，长 6.8 米，舱内有生活间、工作间、卫生间 3 个舱室，能容纳 5 名训练期航天员一起连续试验 30 天。舱内空气温度能在 10℃～40℃ 范围内调节；相对湿度可在 30%～70% 范围内调节；氧浓度能在 21%～50% 范围内调节；舱内压力可在 101 千帕～25 千帕范围内调节（注：1 个大气压就是 101 千帕，有些情况只能减压不能增压，因此压力范围表示为从高到低）。它还配有舱内外通话系统、生理参数舱内外传输通道、舱内摄像监视系统和舱内人员使用的供氧装置。

飞船内环境模拟舱

舱内航天服试验舱舱体内径为 2.6 米，长 5.8 米，舱内有高空舱和副舱 2 个舱室，两舱之间有双向密封门，可进行 1～2 人的载人试验。它可模拟载人航天器整个飞行过程中座舱内部可能出现的气候环境，其中高空舱内压力可在 0.667 千帕～101 千帕范围内调节，舱内空气温度可在 -20℃～55℃ 范围内调节，服装气源系统的流量可在 40 升/分～350 升/分范围内调节，氧浓度可在 21%～95% 范围内调节。副舱压力可在 20 千帕～101 千帕范围内调节，并能在 101 千帕～54 千帕范围内进行减压速率最高达 36 千帕/秒的快速减压试验。舱内航天服试验舱配有舱内外生理参数传输通道、通话和摄像监视系统、舱内人员使用的供氧装置及用于救治减压病的高压氧舱。

中国还开发了密封加压舱压力应急环境模拟设备，即应急生命保障试验舱。它由独立的主舱和副舱组成，用于模拟密封加压舱压力应急环境，研究密封加压舱异常减压时对人体有哪些影响并提出相应的防护措施。该舱还能用于测试环境控制与生命保障系统及舱内航天服系统等，以验证和评价它们对抗压力应急状态的有效性和能力。

链接： 应急生命保障试验舱的主舱是载人试验舱，直径为 2.3 米，直筒段长 4.0 米，舱体密封并绝热，舱内极限压力不大于 2 千帕，舱壁温度可在 0℃～50℃ 范围内调节，主要用于模拟密封绝热的飞船返回舱和轨道舱。副舱是非载人产品试验舱，直径为 2.3 米，直筒段长 1.5 米，空载时舱内极限压力不大于 1.3×10^{-3} 帕，舱壁温度可在 -30℃～70℃ 范围内调节，主要模拟非密封的飞船推进舱。

5 模拟出舱环境

在空间环境模拟器方面，中国研制了舱外航天服试验舱，它可以模拟航天员穿舱外航天服出舱时的太空环境，主要用于模拟轨道空间环境的真空、冷黑（热沉）、太阳辐射 3 个基本参数。

舱外航天服试验舱内径为 4.2 米，圆柱段长 6.5 米，由舱体、液氮系统、热真空系统、循环冷却水系统、普通复压系统、紧急复压系统、服装悬吊装置、训练支持设备、摄像监视及通话系统等组成。其中训练支持设备包括服装氧源和冷源、服装气液供应装置、服装参数显示系统和服装故障模拟装置等。

它能容纳 1 套内装拟人载荷的舱外航天服进行真空热试验，也能容纳 2 套舱外航天服进行压力性能试验，能够支持 2 名穿着舱外航天服的受训者进行训练和体验试验。舱内的空载极限压力不高于 1.3×10^{-4} 帕；在航天服向舱内的漏气速率为 2 标准升 / 分时，舱内压力小于 6.7×10^{-3} 帕；当遇到紧急情况时，舱内压力在 5 秒内可复压到相当于地面以上 7000 米高空的气压，即约 41.3 千帕，并能根据情况在 10 秒内继续复压到地面气压；在舱外航天服水升华器以 2.8 千克 / 时的速率排放水蒸气的情况下，可维持舱内压力不高于 10 帕。

舱外航天服试验舱

链接： 舱外航天服试验舱热沉表面温度低于 100 开。它配置了能模拟舱外航天服在太空中受到的热辐射的红外模拟器，以及可以在真空环境下工作的舱内摄像监视系统、舱内照明和通话系统。为航天员训练配置的服装悬吊装置用于抵消舱外航天服在地面的重量。舱内的训练支持设备用于模拟舱外航天服可能出现的故障，实时监视舱外航天服的物理参数和受训人员的生理参数，向进行训练的舱外航天服提供气、液、电。

如何在地面进行失重训练？为什么要研制载人航天器飞行训练模拟器？

航天员在太空中面临的最大挑战是要长期生活和工作在失重环境中。但是在地面最难模拟的太空环境就是失重环境。目前的主要失重环境模拟设备是失重飞机和中性浮力水槽，航天员主要用这 2 种设备进行失重训练。

1 失重飞机

目前，各航天国已广泛应用高性能失重飞机进行连续的抛物线飞行，来重复产生短暂的失重环境，因为失重飞机做一个抛物线飞行时能产生25～28秒的失重环境。在这短暂的失重时间内，航天员要练习吃食物、喝饮料、穿脱舱内航天服、使用各种设备和仪器等。所有要进行轨道飞行的人都要使用失重飞机来体验失重环境。

因为需求量极少，所以目前没有专门制造的失重飞机，目前使用的失重飞机通常用机身强度高、飞行速度快和气密舱容积大的喷气式运输机甚至歼击机改装而成。为了能容纳20余人同时进行训练，改装喷气式运输机时要在机舱两侧装设把杆，并在地板上铺设厚厚的软垫。

在航天员和太空游客使用失重飞机进行训练时，失重飞机先以45°角迅速爬升，当它爬升至抛物线顶点时，再以30°角下降。

中国航天员使用俄罗斯的失重飞机进行失重训练。俄罗斯的失重飞机是经改装的伊尔-76MDK大型失重飞机，有4台喷气式发动机。它一个起落可飞15～20个抛物线。此前，苏联曾用由图-104飞机改装的失重飞机进行训练，它一个抛物线飞行可产生约30秒的失重环境。1999年，中国第一批航天员在俄罗斯首次乘坐伊尔-76MDK大型失重飞机进行失重训练的前一天，俄罗斯教练对中国航天员说："你们的人要是吐了，我们就停飞。"结果训练时俄方的一位助理教练半途中吐得一塌糊涂，而所有中国航天员一直神情自若，失重时纷纷飘起来，还不断做着穿脱航天服等动作。最后，俄方称赞：中国航天员选得好！

美国进行失重训练使用的失重飞机是经改装的KC-135喷气式空中加油机，也有4台喷气式发动机，机舱内比较宽敞，两侧装有把杆，并备有降落伞以防万一。它每次可以连续飞行2～3小时，一个起落可飞20～30个抛物线，一个抛物线飞行可产生约25秒的失重环境。美国早期曾使用C-130B运输机改装的失重试验机进行失重训练，但是该飞机一个抛物线飞行只能产生约15秒的失重环境。美国也曾使用T-33、F-104等型

俄罗斯加加林航天员培训中心的伊尔-76MDK大型失重飞机

号的歼击机改装失重飞机进行失重训练。

链接： 早在20世纪70年代初，中国曾成功把TF-5型小型飞机改装成失重飞机，它一个抛物线飞行可产生约40秒的失重环境，并完成了270余架次的各类失重飞行试验和实验研究，但现已放弃使用。

2 中性浮力水槽

由于失重飞机体积有限，做一个抛物线飞行产生的失重环境持续时间太短，无法满足航天员进行太空行走的训练需求。目前，只有中性浮力水槽能给航天员提供较长时间的模拟失重的训练环境，而且水中可以放置1∶1的载人航天器模型进行太空行走时的操作训练。研究中心可以利用中性浮力水槽进行出舱维修作业程序的研究，对航天员进行出舱维修作业技能训练，还可以进行载人航天器结构（乘员舱内整体布局、舱内外辅助器具和设施的设置等）和维修工具工效学的研究及评价试验等。

在中性浮力水槽中训练太空行走技能时，航天员要穿上配了铅块的水槽舱外训练服，使航天员既不漂到水面上，也不沉在水底，而是浮在水中间，即在水中受到的浮力和重力大小相等，产生一种飘浮感，从而模拟航天员置身失重环境中的感觉。其实，从原理上说，中性浮力水槽并没有产生真实的失重环境，只是提供了人在失重状态下对运动和力的一种感觉上的效应。不过，进行过这种训练并实际进行过太空行走的航天员普遍反映，这种模拟效果很好，十分逼真。

通过这种训练，可使航天员体验和掌握在模拟失重状态下身体的运动与姿态控制，以及出舱活动操作的特点、方法、技巧和技能。现在，俄罗斯、美国、法国、日本、中国等均建有中性浮力水槽，并且在不断提高中性浮力试验的技术水平。

俄罗斯航天员训练用中性浮力水槽为圆形，直径23米，深12米，能装下"和平号"空间站核心舱的模型或"国际空间站"上俄罗斯服务舱的模型。在这里训练时，航天员会穿一种水下训练用的"奥兰"航天服。为了保障胸、肩、手臂及腿部壳体的中性浮力，它安装有配重物，但是没有环境控制与生命保障系统和前面的控制板，而是使用专用管路从外部进行加压、通风和供应冷水。在背部配置的热交换器中，水使沿航天服系统循环的空气冷却。它还配有可用15分钟的应急储气瓶，在"脐带"式通气管意外断开的情况下，人工启动储气瓶。航天服通过"脐带"式管路供电并传输遥测信息。航天员穿好航天服后，通过安装在水池边的升降机下降到水池中。

链接： 航天员每次在俄罗斯的中性浮力水槽中训练时至少有7名潜水员负责安全保护，他们都背着自携式水下呼吸器（即水肺）。在中性浮力水槽中训练时，俄罗斯训练用的舱外活动航天服外形跟真的航天服一样，只是背包内没有环境控制与生命保障系统，航天员呼吸和服装内通风都是通过一根"脐带"式通气管进行的。

美国航天员训练用中性浮力水槽主要有2个，即中性浮力实验室和失重环境训练设备。中性浮力实验室为长方形，长60米，宽30米，深12米，可容纳"国际空间站"的一个舱的模型和航天飞机货舱模型，是航天飞机航天员和"国际空间站"航天员的主要训练设备，航天员能通过它熟悉在失重状态下身体如何运动和双手如何操作。失重环境训练设备为长方形，长23.4米，宽9.9米，深7.5米，附属设备包括净水系统、环境控制系统、电视监控系统和一台吊车，用于评定航天员出舱活动装备、航天员身体限制系统、发展出舱活动程序和提高航天员的出舱活动能力。在中性浮力水槽中训练时，美国训练用的舱外活动航天服背包上有环境控制与生命保障系统，所以航天员行动自由。

日本航天员训练用中性浮力水槽为圆形，直径16米，深10.5米，用于国际空间站任务中日本承担的试验舱的各种水下试验。

中国航天员训练用中性浮力水槽为圆形，直径23米，深10米，可保证2名航天员同时进行训练，试验期间水温维持在28℃~30℃；配备有起吊设备，以保障航天器模型的转运和组装，以及穿着水槽训练航天服的航天员出入水面；配备有水槽训练航天服及地面环境控制与生命保障系统、潜水装备和航天器模型；配备有生理参数监测系统，可对航天员的心电、呼吸和体温等生理参数进行实时监测；配备有摄像监视和通话系统，可实时监视与记录训练现场情况，并可随时与航天员进行通话联络。

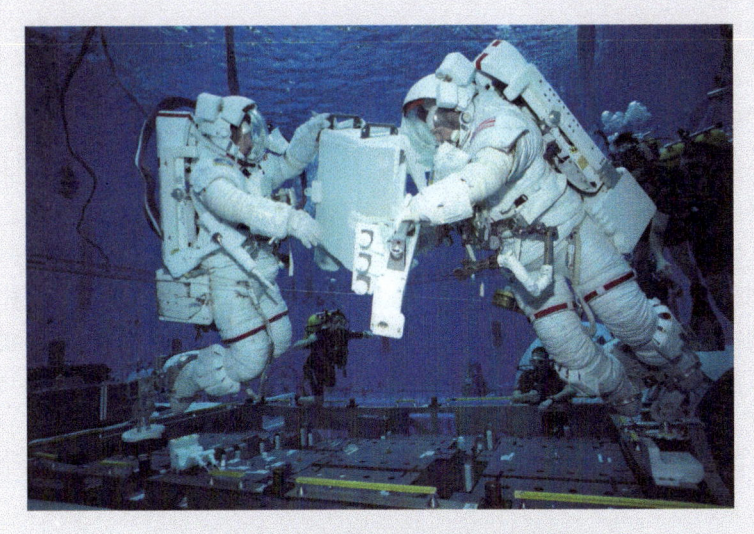

美国航天员在中性浮力实验室中进行"国际空间站"
太阳能电池翼和配电系统组装训练

3 载人航天冲击环境模拟设备

尽管工程师采用了许多技术手段，但是在载人航天飞行过程中，航天员不可避免地会经历多种冲击的考验，所以事先要用载人航天冲击环境模拟设备进行有关训练。用于航天员着陆冲击训练的载人航天冲击环境模拟设备（包括冲击塔和冲击机等）的作用是模拟飞船返回地球的冲击环境，研究各种方式的防护措施，提升航天员的抗冲击耐力。航天员要在冲击塔训练室里直落而下，尽管只有短短的几秒钟，但是航天员所受的生理和心理冲击是常人难以想象的。

现在已研制并使用的载人航天冲击环境模拟设备有水平火箭车式冲击机和垂直跌落式冲击塔等多种。从刹车方式上划分，有液体阻尼刹车、气动刹车、弹性金属带减速刹车等几类。

中国航天员中心的载人航天冲击环境模拟设备为垂直式水刹车冲击塔。它由塔架、冲击平台、电控系统、水刹车阻尼装置、平台起吊机构和导向机构、高度测量及冲击信号记录系统等组成。该冲击塔使用水作为阻尼介质，优点是重复性好、无二次反弹现象等，能产生 2～80g 的过载峰值。

4 载人航天器飞行训练模拟器

就像飞行员在学习开飞机时首先要使用飞机训练模拟器练习操作一样，航天员在学习操作载人航天器时也要首先使用载人航天器飞行训练模拟器熟悉载人航天器的操作界面，熟练掌握有关的操作技能。

为了训练航天员操作载人航天器的技能，苏联/俄罗斯针对"东方"系列载人飞船、"上升"系列载人飞船、"联盟"系列载人飞船、"礼炮"系列空间站、"和平号"空间站等载人航天器，研制、使用了相应的载人航天器飞行训练模拟器，航天员训练设备十分齐全，健全了航天员的训练体系。

美国针对"水星"系列载人飞船、"双子星座"系列载人飞船、"阿波罗"系列载人飞船、"天空实验室"空间站和航天飞机等载人航天器，研制、使用了相应的载人航天器飞行训练模拟器，包括动态和静态训练模拟器，而且种类繁多，为美国航天员的地面训练和载人飞行做出了重要的贡献。

中国根据载人航天的实际需要，借鉴了国外载人航天器飞行训练模拟器相关技术和经验，现在已经打造了固定基全任务飞行训练模拟器、计算机辅助训练器、多个飞船单项系统训练台等多种技术先进的载人航天器飞行训练模拟器，航天员的训练实践表明它们具有良好的效果。

"神舟"飞船固定基全任务飞行训练模拟器

🔗

链接： 按照用途和复杂程度的不同，载人航天器飞行训练模拟器可分为全任务飞行训练模拟器、专项训练模拟器、计算机辅助训练器三大类。其中全任务飞行训练模拟器的内部与真的载人航天器的内部基本一样，具有载人航天器的运动模拟功能、环境模拟功能、天地通信模拟功能、训练监视功能、训练控制功能、训练数据记录功能、人工控制与操作训练功能、航天器故障模拟功能、模拟器系统状态监测功能及训练评价功能。

5 相关技术

近些年来，载人航天器飞行训练模拟器陆续采用新技术并不断升级换代，使航天员的训练效果越来越好。

为了能更逼真地模拟航天飞行过程，专家不断地改进针对载人航天的视景、音响、运动模拟技术，包括采用了计算机成像、数字音响播放、多自由度运动控制技术；基于虚拟现实技术的训练模拟器也已进入实用阶段，并将分布交互式仿真技术应用到大系统联合演练中。

🔗

链接： 通过应用模糊建模、机理建模、系统辨识、神经网络建模及模糊神经网络建模等仿真建模技术，人类现已建立了精度和动态响应等可以很好地满足航天员训练要求的各种载人航天器系统模型。为了极大地提高仿真建模、仿真计算、系统控制及训练评价方法，载人航天器飞行训练模拟器已开始采用神经网络、人工智能、专家系统等智能技术。

载人航天器飞行训练模拟器可以模拟航天器正常飞行和各种应急飞行过程的动感环境，按飞行程序和航天器姿态显示光学瞄准镜及舷窗视景；能提供与真实载人航天器一样的模拟座舱，包括座舱内部界面环境和操作环境；能模拟载人航天器与地面的通信功能，能模拟地面指挥和医监人员与航天员的通话；航天员教员可监视载人航天器飞行训练模拟器的飞行过程、视景图像、仪表信息、操作过程、操作结果，以及航天员的舱内活动和生理信息。

在美国约翰逊航天中心，2 个航天飞机轨道器实体模型训练器设置在大厅的两侧

另外，通过载人航天器飞行训练模拟器，教员能够设置训练科目，包括设置故障，控制训练过程，存储训练记录数据，模拟各种载人航天器典型故障状态，检查、监测模拟器系统的启动和运行状态，以及统计分析训练数据，对训练效果提出初步的评分结果。

载人航天器飞行训练模拟器通常由几个系统组成？航天员怎样使用虚拟现实技术进行模拟训练？

航天员训练常用的载人航天器飞行训练模拟器比较复杂，由模拟座舱、运动仿真系统、音响仿真系统、视景仿真系统、仪表仿真系统、教员控制台仿真系统等组成。另外，航天员还可以使用专项训练模拟器和虚拟现实模拟技术进行训练。

1 各个系统

载人航天器飞行训练模拟器由多个系统组成，其中最实用、最直观、最重要的系统就是模拟座舱，它以半实物仿真的方式为航天员提供身临其境的载人航天器界面环境，并可以根据需要变换多种结构形式。

例如，有的是全尺寸、多舱段飞行训练模拟器，用于让航天员熟悉某个载人航天器内各系统的位置和舱内的实验、生活环境；有的是局部、单舱段飞行训练模拟器，用于训练航天员对某个舱段的操作、维修技能。模拟座舱主要用于训练航天员操作载人航天器的技能，主要提供与真实载人航天器舱内一样的场景和操作界面，但它不是密封、防热、防辐射的舱段，不模拟失重、超重、压力、气体成分等环境。模拟座舱装有座椅、仪表、照明、操作、显示、音响、通话、医监等装置和空调、电气、航天服气源、电视监视摄像机等设备。

运动仿真系统是用于模拟动感环境的仿真设备，使航天员获得逼真的动态感知，与4D影院有些相似。这类仿真设备有几类，其中抖振座椅的频率和幅值可由计算机软件控制；平台式运动系统分为3自由度、4自由度、5自由度和6自由度等几种；抗荷服采用能施加压力的头盔、背包装置，可以使受训航天员产生持续过载的感觉。

音响仿真系统可以为航天员训练建立逼真的听觉环境，它能模拟载人航天器飞行过程中的各种声音。这样能使航天员熟悉载人航天器内的听觉环境，并通过声音判断载人航天器的飞行状态。音响仿真系统目前有模拟式音响仿真、数字式音响仿真、模拟数字混合式音响仿真等几种。其中模拟式音响仿真适用于实时控制，比如对于那些受载人飞船状态影响变化很明显的重要声音，可以采用这种方法模拟，其他的声音则可以通过数字式音响仿真实现。

视景仿真系统可以为航天员训练建立一个逼真的视觉动感环境。它能模拟载人航天器上的舷窗、观察窗、光学瞄准镜等外部动态视觉景观，尤其是在载人航天器的轨道和姿态发生变化时，它能模拟舱外的云层、太阳、月球、地球、昼夜交替、星空背景、再入大气层时的

航天员在模拟器上进行训练，视景仿真系统模拟显示"国际空间站"飞越地球的全景动态图

"火烧"及着陆区景观等视景，航天员能通过视景判断载人航天器的飞行状态、船下点位置和姿态。视景仿真系统目前主要采用计算机实时生成图像的视景仿真模式。

仪表仿真系统一般使用载人航天器上的实物，通常包括舱内仪表板、数据管理仿真系统和虚拟仿真仪表。可根据训练的要求对有些地方进行一定的改造，以便教员监测航天员的各种操作，为训练评价提供依据。

教员控制台仿真系统可以让教员指挥、控制和监视航天员的整个训练过程，包括随时掌握、记录模拟器各系统的运行数据、航天员使用模拟器时的操作和生理信息、仪表显示、飞行程序、语音通话、舱内噪声等。

链接： 教员控制台仿真系统能模拟天地通话、上下行指令和数据传输等功能。教员可随时查询教员控制台实时记录的数据。有的先进教员控制台还应用了人工智能和专家系统，能够自动给出训练效果的评价结果。

2 手控交会对接

专项训练模拟器由仿真系统、专项训练设备和教员系统等组成，例如手控交会对接训练模拟器和出舱活动程序训练模拟器等，用于训练航天员完成单一的专项任务。

各国的手控交会对接操作方式不同，因此手控交会对接训练的方式也不一样。例如，美国航天飞机采用平移、姿态合一的操作模拟进行手控交会对接，通过利用舷窗的辅助测量图形符号和视觉观察方式辨识对接目标。中国和俄罗斯的载人航天器采用的是平移、姿态2个手柄的操作模拟进行手控交会对接，通过潜望镜模式辨识对接目标。它们都是由仿真系统、仪表系统、视景系统等组成的，一般只模拟2个载人航天器近距离的对接和撤离，主要训练航天员熟悉和掌握对接、撤离的手控操作技能。

手控交会对接对航天员的眼手的协调性、操作的精细性和心理的承受性是个考验。2个高速飞行的航天器质量很大，让它们对接在一起是非常困难和复杂的操作。航天员首先要准确判断2个航天器的相对速度和相对姿态，然后通过操纵手柄不断修正航天器的速度和姿态，因此操作要十分精细，空间位置判断要非常准确。航天员要具备很强的多信息并行处理能力。另外，航天员还要面临燃料消耗和时间的限制，必须在一定时间里完成对接，这对航天员的心理素质也是考验。还有，失重环境会使航天员产生不适的生理反应，这些都会影响手控交会对接的操作质量。

为了完成任务，中国负责手控交会对接的航天员要用手控交会对接训练模拟器进行 1500 次以上的相关训练，航天员要做到能在仪表没有数据的情况下，仅靠光学显示也能实现目标。为了应对突发情况，训练中会有意识地设置大偏差的科目和各种故障，以提高手控交会对接训练难度。专家已模拟设置了可能发生的 40 多种故障，这些故障一旦出现，需要航天员及时、准确地判断、识别和处置。

美国航天飞机与"国际空间站"对接模拟器，航天员可以利用这个设备进行航天飞机轨道器与"国际空间站"对接的模拟控制训练

例如，有意识地将飞船拉偏，或者突然提高对接速度，以训练航天员在应急情况下的反应能力和处置能力；人为增加环境干扰，包括增加通话噪声，或者制造一些偶发事件来考验航天员，让他们能在有干扰的情况下准确实施手控交会对接。为了便于航天员操作，手动控制手柄有防误操作设计，航天员不小心碰到手动控制手柄不会影响操作。此外，为了便于航天员辨识，手动控制手柄经过了特殊设计，航天员即便戴着手套也能灵敏地调整挡位。

链接：2012 年，中国航天员刘旺首次完成了"神舟九号"载人飞船与"天宫一号"目标飞行器的手控交会对接任务。此后，中国其他航天员也多次验证了手控交会对接技术。他们之所以比较顺利地掌握了手控交会对接技术，主要原因是他们事先在地面使用手控交会对接训练模拟器进行了大量训练，其中刘旺训练了 1500 次，成功率 100%，他的操作技术十分熟练，且心理素质极佳，他可在显示系统出现异常，甚至无参数显示的条件下精确操控对接。

3 出舱活动

出舱活动程序训练模拟器也属于专项训练模拟器，用于训练航天员熟悉太空出舱程序、操作气闸舱设备和舱外航天服、应对各种可能的故障等。

中国的出舱活动程序训练模拟器系统由生命保障支持设备、气闸舱舱载设备、地面（常压）训练用舱外航天服、悬吊移动装置、主控与仿真、教员控制台、辅助支持共7个分项组成。它们各司其职，相互协调，缺一不可。

生命保障支持设备为地面（常压）训练用舱外航天服提供气源压力和液冷支持，并满足受训航天员的生理需要。气闸舱舱载设备是航天员训练过程中的载体和操作对象。悬吊移动装置可承载并支持地面（常压）训练用舱外航天服进行小阻力运动。教员控制台则负责训练科目的设置、训练的指挥调度等。

中国的出舱活动程序训练模拟器系统

链接： 航天员使用出舱活动程序训练模拟器进行训练，可以在基本没有风险的情况下掌握过闸操作步骤，在接近真实飞行状态的训练中缩短航天员在轨执行任务的适应过程。在地面环境下使用反向加压方式能模拟真实出舱活动时气闸舱泄压、吸氧排氮、服装气密性检查、出舱、气闸舱复压等过程中服装相对压力变化情况。为了降低研制成本，气闸舱与出舱活动相关的设备使用了操作功能模拟件。

4 虚拟现实技术

中国还研制了空间站模拟器,它能模拟空间站上除失重外的各种环境,主要用于航天员在空间站环境中的设备操作和程序操作训练,中国每个空间站航天飞行乘组上太空前都要在里面生活和工作1个月。

随着新技术的不断发展,现在国内外航天员已经开始广泛使用虚拟现实技术来了解太空景象和载人航天器飞行轨迹、熟悉和掌握载人航天器环境与操作等。这种方式不仅成本低,航天员还可以像玩游戏一样进行交互操作训练。虚拟现实技术一般包括头盔眼镜遍历式和桌面式2种方法。其中前者是今后虚拟现实技术的发展趋势,因为受训航天员戴上头盔眼镜后,虚拟现实技术能根据航天员的运动自动建立场景,虽然成本高,但是互动性比较强。

航天员使用虚拟现实设备练习太空操作

用虚拟现实技术构建虚拟航天器仪表等单项设备模拟训练单机产品,能拓宽训练方法,节省训练费用。用虚拟协同程序训练系统可训练航天员舱外活动和舱内操作,使航天员掌握单人或多人协同操作的技能。它采用分布式结构,可以完成一名航天员的操作技能训练,也可以完成多名航天员的协同操作技能训练。目前,国际上已经有多种协同操作虚拟模拟设备用于航天员的地面训练。

解密航天员生活

解密航天员：热门航天员问题的答案清单

航天员如何在太空中睡觉？在太空生活中什么事情比较麻烦？

航天员在载人航天器的失重环境中生活似乎很惬意，只要轻轻碰一下舱壁，就会像羽毛一样飘动，直到触碰别的物体，再向其他方向飘动；在那里睡觉也与众不同，甚至可以站着睡。其实，航天员在失重环境中的生活既有趣又麻烦，有时甚至让人哭笑不得。

1 都会"轻功"

受运载能力和成本等因素制约，航天员在太空中住的地方十分狭小。例如，美国"水星"系列载人飞船的座舱容积仅约为1.7立方米，1名航天员只能半躺在里面，身体几乎不能活动；能乘载2名航天员的美国"双子星座"系列载人飞船的座舱容积也不大，约为2.55立方米；美国"阿波罗"载人登月飞船指令舱的容积增大许多，约为5.95立方米，但是由于其必须承载3名航天员，因此并不宽敞；美国"天空实验室"空间站的容积更大，约为361立方米；搭载7名航天员的航天飞机的容积约为71.5立方米，设施比较完善；"国际空间站"的容积约为916立方米。这在航天器中可谓"别墅群"。

2003—2008年间发射的中国"神舟五号""神舟六号""神舟七号"载人飞船是单独飞行的，它们的容积只有约6立方米。2012年、2013年、2016年先后发射的"神舟九号""神舟十号""神舟十一号"与"天宫一号"目标飞行器或"天宫二号"空间实验室对接，使每次航天飞行的活动空间增加到15立方米。2021年、2022年先后发射的"神舟十二号""神舟十三号""神舟十四号"

"国际空间站"上4名航天员飘浮在空中的合影姿势，这在地面是难以做到的

分别与"天宫"空间站的"天和"核心舱对接，使每次航天飞行的活动空间增加到 50 立方米，2022 年 7 月和 10 月，"问天"实验舱和"梦天"实验舱陆续与"天和"核心舱对接，使航天员在空间站的活动空间增加到约 110 立方米。

在载人航天器内，航天员可以飞行或跳着走，并且没有上下之分，也就是说，航天员既可以在地板上走，也可以在天花板或墙壁上走。为了使航天员能随时根据需要固定自己的身体，载人航天器舱内装有许多软硬扶手，也叫手脚限位器，约 20 厘米长，采用锦丝带制成。这种"小身材"装置有着"大功效"，它是保证航天员在失重飘离状态下便于手脚着力的"法宝"，也是舱内数量最多的设备。不过据航天员说，走路活动时还是飞起来比较好。太空失重环境给航天员带来一身"轻功"，很有趣。

链接： 在太空中，航天员喜欢望天观地，因为在太空中的视野几乎不会受大气层的影响，所以看到的星星并不闪烁，十分璀璨。航天员最开心的事情是看蓝色的地球，因为视角十分高，能看到的最明显的绿色带是中国的青藏高原地区；在太空中看地球上的闪电是一件非常令人振奋的事情，一阵阵闪电好像盛开的石竹花，当闪电连续而频繁地发生时则像看到一片火海。如果外星人看到地球如此美丽、动人、多彩和神秘，一定会说这里是真正的仙境。

2 睡觉方便

航天员在太空中是怎样睡觉的呢？在太空中睡觉的最大优点是非常方便。航天员只要在居住舱内找一个角落便可睡上一觉。因为在太空中没有上下之分，也没有任何支撑，所以航天员既可以站着睡觉，也可以倒立着睡觉！

但是，航天员在睡觉之前，最好用一根带子将自己固定在舱内的某个地方，因为舱内空气在风扇作用下是不停地流动的，如果航天员在睡眠时飘浮，就可能使身体随气流飘动，或者由于自己的某些动作产生作用力而使身体飘来飘去。在不知情的情况下，飘动的身体容易与设备发生碰撞而损坏设备或使身体受伤，或撞击关键开关而出现险情。另外，在太空中睡觉的航天员由于身体下方没有支撑，会有掉进万丈深渊的恐惧，因而可能睡不好觉。另外，在太空中打鼾时，无论怎样翻身都不会停止，因为失重时身体机能不受位置变换的影响。

🔗
_____

链接： 航天员在太空中睡觉没有在地面躺在床上的感觉，因此总是觉得身体下面没有支撑，常常有坠落的感觉，使睡眠不踏实。另外，载人航天器内部空间狭小，仪器设备工作产生的噪声也会影响睡眠。载人航天器每1.5小时环绕地球运行一周，经历一次昼夜变更，这也会对航天员的睡眠产生影响。
_____

载人航天器活动空间不同，航天员的睡眠方式也不同。例如，"神舟"系列载人飞船活动空间较小，因此航天员没有专门睡觉的地方，他们通常坐着睡或者在飞船的轨道舱内使用拴住的睡袋睡觉。空间站的内部空间比较宽敞，航天员可以躺在床上睡。床垂直安放在地板与天花板之间，床上铺有褥子，褥子上有睡袋，睡袋上还有通气孔。但是，有的航天员想享受一下飘飘欲仙的感觉，有意将固定在舱壁上的睡袋放松，只由一条绳子牵着任其飘动，飘着睡。

中国"天宫一号"目标飞行器和"天宫二号"空间实验室的舱内有2个睡眠区，里面有独立的照明系统，航天员可自主调节光线。那里的采用冷光源的白光灯由一组灯束组成，发出的光均匀且不刺眼。睡眠区内除了有一个长方形睡袋，舱壁上还贴有一个非常居家的挂袋，可供航天员存放细软小物品。睡眠区正中间的黑色可折叠小桌板用来固定书籍和计算机。此外，这个类似火车"卧铺"的休息区在拉上厚实的军绿色帘子后可以隔绝大部分噪声，从而提高航天员的睡眠质量。航天员的睡袋固定在舱壁上，因此看起来航天员是站着入睡的。睡袋外面是浅蓝色的，里面是白色的，头部有防护，同时配备了防止舱内噪声和光线干扰的耳罩、眼罩。

2021年升空的"天和"核心舱有3个睡眠区，2022年升空并与核心舱对接的"问天"实验舱也有3个卧室，因此那个时候的中国空间站可同时支持6名航天员躺在床上休息，比较舒服。可能有人会问，为什么还要设床铺？这是因为人们在地面上习惯于躺在床铺上睡，没有床铺的话，有些人会感到不自在或睡不踏实，进而影响睡眠质量。另外，每个睡眠区里通常有一个睡袋，睡袋有可调节松紧的带子，使航天员身体与床铺贴紧，使后背产生压力,产生类似躺在床上的感觉,以此来模仿地面睡眠情况。

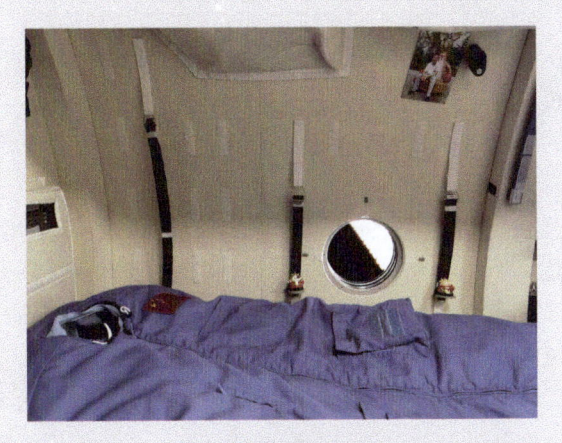

"天和"核心舱的睡眠区

中国空间站的睡眠区内不但有睡铺和灯,还有笔记本电脑。航天员在睡眠区里可以听音乐、看书、与家人联络等;里面还有一个舷窗,航天员可以观望太空。睡眠时,航天员需要关闭"卧室门"以隔绝外界的光亮和噪声,提高睡眠质量。

美国航天飞机上有2种睡眠设备,分别提供给2种工作制的航天员使用,单班工作制的航天员使用睡袋,两班工作制的航天员使用卧厢(也叫睡眠间)。航天飞机上的睡袋可固定在舱壁、天花板或舱内的某一角落,固定的睡袋有水平位、垂直位、斜位,航天员睡觉前脱去外衣、鞋子后再钻进睡袋,把睡袋上的拉锁从脚部拉到胸前,露出头部,系好安全带,便可以安然地入睡了。

航天员在"哥伦比亚号"航天飞机的睡眠间准备睡眠

3 个人卫生

航天员在太空中处理个人卫生会比较麻烦，因为在失重环境中，水滴会飞起来。每名航天员一般有一个装有牙刷、指甲刀、肥皂和除臭剂等各种卫生用品的卫生包。航天员使用特制的漱口杯，刷牙后的废水和泡沫要吐到卫生纸或毛巾上。

美国航天员最初通过充分咀嚼一种特殊口香糖来代替刷牙，苏联/俄罗斯航天员是用手裹着毛巾在口腔内按摩擦洗来代替刷牙的，或用浸泡过生理盐水的纱布擦拭牙齿。这些方法很简单，但是不易清除口腔中的细菌。后来，航天员们开始使用电泳牙刷和特别牙膏刷牙。不过，直到发明了密封式吸水法后，航天员才有了比较彻底地清洁牙齿和口腔的可能。科技人员曾为航天员准备了一种类似口香糖的清洁剂，餐后使用就能实现清洁口腔的效果。用来"刷牙"的还有用无菌纱布做成的纸套和一种能吃的牙膏，既除味又增白。

在太空中，航天员通常采用干式、湿式或干湿并用的擦洗方法清洁皮肤。全身或局部擦洗要使用专用的毛巾或海绵等工具，毛巾或海绵中一般含有杀菌止痒剂。航天员可以根据需要定期或不定期地擦洗皮肤，以保持皮肤的清洁和舒适。

由于空间的限制，至今只有美国"天空实验室"空间站安装过洗澡间。它是一个大的圆柱形淋浴器，航天员进入其中后用手持喷头喷淋。沐浴器底部有吸水孔，通过吸水孔将水吸走，否则水会充满整个淋浴器。在淋浴前，航天员还必须先用限制带把脚固定在地板上，不然身体会在淋浴时翻滚，甚至头朝下脚朝上，同时还应将淋浴器的盖子盖好，不要让水喷洒到淋浴器外面。

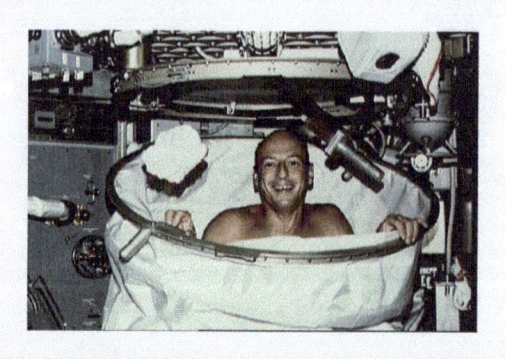

航天员在"天空实验室"空间站上的淋浴器中淋浴后对着镜头微笑

链接： 因为洗澡设备体积太大，结构复杂，而且有较大的质量、较高的能源消耗，实际使用效果也不是很理想，所以航天飞机、"和平号"空间站和"国际空间站"及"天宫"空间站上都没有安装洗澡设备。航天员通常使用湿毛巾擦澡，这样可以使皮肤和头发处于较好的状态。

在太空中刮胡子也不是一件乐事，因为刮下来的胡碴儿会飞起来，胡碴儿一旦飞入开放空间则很难清理。所以，航天员使用一种密封式刮胡刀，它通过一条密封管与真空吸尘器连起来，真空吸尘器能把胡碴儿吸进废物处理箱中，理发也是如此。

在"国际空间站"中，航天员在理发，用手持的真空吸尘器吸除新剪下来的发屑

因为航天器座舱内的残渣、尘埃不会自动下落，而是会飘浮或到处乱飞，所以要定期打扫卫生。打扫卫生时除了要使用真空吸尘器，还要使用湿布擦拭舱壁和物体上的灰尘。如果水珠、胡碴儿、饭渣甚至粪便等垃圾不慎飞入开放空间，就得进行大清理。这时航天员要戴上口罩、手套，穿上罩衣，使用真空吸尘器吸，使用湿布擦，才能把这些垃圾清理掉。

在"神舟"系列载人飞船上，中国航天员使用一种专用纸巾，出汗后可以用它来清洁身体，使用特制的擦脸油来护肤。有了空间站后，中国航天员在站内的"包裹式淋浴间"里手持喷枪将自己擦拭干净。虽然使用这种方式洗澡和在地面上洗澡是完全不同的体验，但是从个人卫生的角度来说，还是可以保障卫生和健康的。

在空间站内，中国航天员不用水洗头，而是用一顶免冲洗头罩洗头。其使用步骤是：首先使用一个头罩罩住脑袋，里面装的是洗发液，然后进行揉搓，之后把它扔掉；再取一个头罩，里面含有水，继续揉搓，之后把它扔掉；最后取一个干的头罩套在头上，再揉搓，干了就洗完了。总结起来就是：3个头罩依次套上，揉搓、揉搓、再揉搓……

中国航天员有2种在太空中刮胡子的办法，一是使用黏性较大的剃须泡沫涂抹在胡须上，最后将剃须泡沫集中刮掉就可以了；二是使用一种特殊的刮胡刀，刀片两侧设置了具有黏性的保护材料，附带吸尘功能，很好地解决了因重力失衡而导致胡碴儿乱飞的问题。

中国航天员在太空中刷牙使用的牙膏是可食用的，跟在地面上刷牙一样，首先挤出牙膏涂在牙刷上，然后刷牙，最后吸入水漱口并将牙膏沫吞入口中。洗漱完毕后将牙刷放在毛巾上除去水分，再将牙膏放入卫生盒。

在太空中理发，失重环境会使刮下来的碎发飘散在空气中，可能会掉落到一些精密仪器的缝隙中，也可能被航天员吸入体内，容易危害航天员的生命安全。因此，中国航天员配备了专门的理发设备，它结合了真空吸尘器的功能，一边理发一边将剪下的碎发吸走并收集起来，从而解决了碎发到处飘的问题。

为了保证空间站环境的卫生与安全，中国航天员采用残渣收集器来收集与处理在轨工作和生活产生的残渣、碎屑，它可以帮助航天员更好地完成"太空之家"的环境控制。不过航天员们需要定期对残渣收集器进行清洁维护。

由此可见，航天员在太空中的日常生活虽然很奇妙，但是也有很多不便之处。随着载人航天技术的发展，太空居住环境还会不断得到改善，太空生活也会越来越清洁、卫生、舒适和方便。

4 其他活动

中国航天员每天工作约8小时，睡眠8小时，生活照料6小时（吃一日三餐、个人清洁、常规生理检查、舱内整理等），个人休闲约2小时（自由活动，可以记飞行日志、听音乐、看电影等）。

作息制度与地面同步：6:00—8:00，起床、洗漱、吃早餐；8:00—20:00，开展实验和进行失重生理效应防护工作；20:00—23:00，准备休息和自由活动；23:00进入梦乡。

"神舟九号"航天员刘洋钻入"天宫一号"的睡袋内准备休息，
其睡袋被固定在舱壁上，因此睡着后不会飘到别处

据悉，中国航天员每天会吃一种中国航天员中心研制的保健品——太空养心丸，它可以增强航天员的心血管功能、提高机体免疫力、防治航天运动病。航天员医生为航天员准备了航天药箱、航天小药包、个人急救小药包，其中航天药箱是组合体在轨飞行时航天员疾病防治的用药保障；航天小药包是航天员在返回舱(不能进入轨道舱工作)时的用药保障，能够满足3名航天员一天的用药；个人急救小药包主要用于航天员着陆后的疾病防治，同样能够满足3名航天员一天的用药。

🔗

链接：为航天员准备的药物按照利用的概率分为2类。第一类药物是按计划必定要用的药物，主要是抗运动病药物、睡眠干预药物、维生素补充类和中医药保健类药物。第二类药物是根据经验和临床实践而准备的高发病需要应用的药物，药物包括：止痛类药物、抗菌消炎药物、抗感冒药、消化系统用药、心血管系统药物、五官科药物、外用软膏类药物、止咳平喘类药物、兴奋神经系统药物、抗过敏药物、外伤处理类药物、激素类药物、妇科用药等。

中国载人航天器内还有生理信号测试盒、心电记录装置、医学监督生化检测装置等更新颖、更丰富的医监设备，用于监测航天员的心电、呼吸、体温、尿液等各项生理指标，并对数据进行自动分析，然后传送至地面站，以便地面人员对航天员的身体状况进行实时监控，为航天员医学健康维护提供技术支持。这些装置体积都很小，最大的和成人手掌差不多大。

中国航天员 24 小时穿着生理信号测试背心。这种背心可以采集心电、呼吸、体温、血压等的数据，支持心肺功能检查。

在太空中飞行的人会长高吗？航天员最喜欢的活动是什么？

很多人认为人在太空中生活会很有趣，因为载人航天器内的失重环境能使航天员身轻如燕，只要轻轻碰一下舱壁，就会像羽毛一样飘过去。在太空中，铅球可以浮在空中，羽毛也可以沉入水底，人则能成为"大力士"。但是，如果长期在太空中生活，总是飘着可就不太浪漫了，因为这会对航天员的身体产生许多不利影响。

1 人会长高

航天员刚进入太空时常会感觉身体和载人航天器都上下倒置了，被倒转 180°。最早体验到这种上下倒置错觉的是苏联航天员季托夫，当时他一进入微重力状态就开始产生这种错觉。中国载人航天第一人杨利伟上太空后也有这种错觉。在感觉发生异常的情况下，当航天员用手推或拉航天器舱壁时，航天员未感到身体在前后运动，而是感到航天器在前后运动，身体则是静止不动的。这主要是因为在失重环境下，人身体上所有与重力有关的感受器都发生了异常。四肢已感觉不到质量，肌肉不需要收缩和放松，因为身体已不需要维持一定姿势。人体内耳有一种感觉线性加速度的器官，称为耳石，是身体的重力感受器，在微重力环境中感觉不到头部的运动，因此头部在什么位置都无关紧要。所有这些异常的感觉常常会使人产生视定向错觉，不过它对航天员的工作和生活没有太大影响，过一段时间就能恢复正常了。

在太空失重环境下，由于人体脊椎骨不再受重力影响，骨骼间变得比较松弛，因此航天员通常能长高 2.5～5.0 厘米。但这不是什么好事，因为脊椎骨舒展开后下背部的肌肉并没有跟随增长，这会引起背部疼痛。几乎所有航天员在太空生活的第一个星期都体验过这种难以忍受的背部疼痛。为此，他们除服用止痛药外，还常使身体蜷曲，即使膝盖靠近胸部，这样可缓解疼痛，睡眠时也经常用一条带子将自己捆绑成蜷曲姿势。那么，航天员长高以后航天服还能穿得上吗？答案是肯定的，因为设计航天服时已经考虑到航天员在太空中身体会长高的情况，所以在设计服装时已经放宽了尺寸。不过，航天员返回地面以后会很快恢复原来的身高。

航天员在轨测量身高。航天员进入太空后，由于骨骼间比较松弛，身高都会增长

链接：人在太空中会变年轻一些吗？根据相对论，与在地面相比，航天员在太空中待同样的时间，衰老会减慢一些。如果航天员在太空中待上两周，与他在地面相比大约年轻了一秒的四万分之一，可惜这样的年龄变化是无法察觉的。假设在真空中以光速（将近 30 万千米/秒）飞行，航天员的衰老才会明显减慢；而目前载人航天器的速度通常只有约 7.9 千米/秒，所以航天员很难变年轻。

2 骨丢失

对航天员进行的研究表明，长期太空失重飞行会使航天员工作负荷能力下降 40% 以上，肌肉日渐萎缩，30 ～ 50 岁航天员的肌肉能退化成 80 岁以上老年人的肌肉。即使航天员在太空飞行期间坚持锻炼身体，失重状态对骨骼肌造成的破坏性影响也会极大地威胁长期在太空中飞行的航天员。另外，航天员在太空中有个好胃口对保持身体正常机能很重要。

长期的失重环境生活会对航天员的肌肉、骨骼、心肺及其循环调节功能、血液、体液、免疫和感觉运动功能等造成极大的影响。因为在失重状态下，航天员干什么事情都轻而易举，不需要用力，所以骨骼肌的负荷会消失并导致骨骼肌萎缩。另外，在长期失重状态下，航天员将从尿和粪便中排出大量的钙，从而出现骨丢失现象，容易发生骨折。其原因是重力消失，压在人体骨骼上的力减少了，这时骨骼系统中的感受器认为骨骼不再需要那么多的钙了，于是将这个错误的信息传到中枢神经系统，中枢神经系统就会命令人体的调节系统通过排泄尿液和粪便将"多余的"钙排出体外。

链接： 如果在太空中飞行 1 年，排出的钙量相当于全身总钙量的 25%，而且很难恢复。航天员回到地面后肌肉萎缩的恢复需要 1 个月左右的时间，骨丢失的恢复则一般需要 3 年以上。如果火星航天员在途中发生骨折，将难以完成探测任务。观众可以从新闻中看到，经过长期太空飞行返回地球的航天员大多需要由工作人员抬出飞船返回舱，其重要原因就是担心航天员骨折。另外，人体中钙的丢失也会影响身体的其他系统，比如容易发生肾结石，出现血管硬化。

失重还会使人的体液转移到上身和头部，使航天员面部变浮肿，变成"月亮脸"，甚至导致有些航天员出现心律失常。其机理目前还不清楚，如果火星航天员在太空中出现这一问题就麻烦了，因为他们不可能马上返回地球。

对于长期失重引起的航天员肌肉萎缩，目前的主要应对措施是加强航天员的体育锻炼。不过，在现有技术条件下，在太空中进行体育锻炼的效果并不理想。虽然"国际空间站"中各种健身设备一应俱全，但是未能阻止航天员肌肉萎缩和身体机能的持续恶化。人类目前还没有研究出可以完全防止失重引起钙流失的好方法。改进航天员的食谱和服用一些药物可以减缓航天员钙流失。

"神舟十四号"航天员陈冬在空间站上展示国旗。由于长期在轨飞行,他的脸显得浮肿

3 体育锻炼

在太空生活中,航天员最喜欢的活动是什么?是体育锻炼,因为体育锻炼不仅能使航天员在紧张的工作之余放松自己,还能使航天员全身的肌肉做收缩运动以保持体力。航天员一般每天至少使用体育器材锻炼 1.5 小时,目的是减轻和防止因在失重环境下长期生活和工作引起的肌肉萎缩,并起到调节神经的休闲放松作用。不过,为了防止身体飘浮,航天员锻炼时要用带子将身体固定。另外,航天员出汗时汗珠不会自动掉下来,而是会像水母草一样贴在额头和脸上,并随着运动节律颤动。

载人航天器内配置了一些锻炼器材。例如,拉力器主要用于锻炼手、躯干和腹部的肌肉,可有效预防一些肌肉群的萎缩和力量衰弱,维持部分肌肉群的强度,但是对人进行整体调节的效果较差。

太空自行车功量计是一种类似自行车的装置,所以也叫太空自行车,在长期载人航天飞行中应用广泛。它对防止心脏、骨骼肌及呼吸系统功能降低有一定的作用,并可增加循环血量,改善组织器官的血液供应,还能记录航天员运动时的多项生理指标,便于对航天员在飞行中的心血管功能和运动能力的改变进行评价,但是它对防止矿物质流失和立位耐力降低的作用不大。

链接: 太空自行车的原理是利用电磁力或者其他方式增加阻力。它没有座椅,脚蹬上可以固定双脚。在舱内首次使用太空自行车时要先进行组装,

2名航天员大约10分钟可以配合完成；使用时要用束带将自己固定住；骑行时要扶住舱壁。太空自行车在使用时以功率计算航天员运动负荷，分为25瓦、50瓦等多个强度等级，使用时按每名航天员的个人体质选择调整。

空间站上一般都有跑台。航天员利用弹性束带将自己固定在跑台上进行跑步运动，可以锻炼骨骼肌，并不断压迫骨骼，刺激骨组织的重建。跑台运动是一种全身性的运动，可对骨骼施加"重力性的压力"，运动量较大，对心血管、骨骼、肌肉系统都是很好的刺激，可减缓肌肉萎缩，促进神经-肌肉功能的协调，提高运动的协调性，缓解航天员返回地面后的行走困难问题，因此是长期载人航天飞行中最有效的一种锻炼方法。与划船和骑自行车等运动相比，它所产生的冲击力最大，这种冲击力被认为对维持骨密度有很重要的作用。有一名美国航天员曾在空间站的跑台上跑了一个"马拉松"。

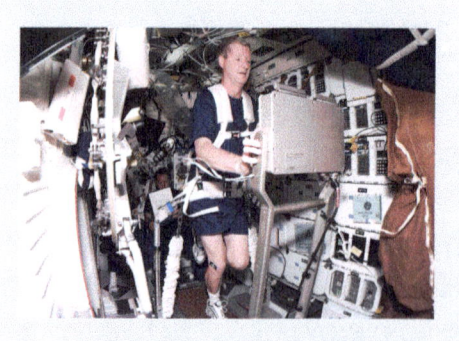

航天员在航天飞机的跑台上锻炼

下体负压筒是一种通过抽气泵抽气，使筒内保持不同负压的锻炼装置。航天员下半身套在筒内锻炼，可以使体液重新分布，减轻头部充血和脸部虚胖症状。这有利于专家评价航天员的心血管功能状态，缓解他们返回地面后的立位耐力下降问题，并可预测他们返回后立位耐力下降的程度，为航天员的医学监督和医学保障提供信息。

企鹅服是一种专用的弹性服装，用于在太空中锻炼肌肉力量。企鹅服内排列了多层橡皮条，当航天员肌肉松弛时，可牵拉前臂到胸部，牵拉膝盖到下颚，使人处于一种类似"胎儿"的状态。在这种状态下，航天员为了完成飞行中的各种运动和操作，必须不断克服企鹅服的弹力作用，从而达到锻炼肌肉的目的。

链接：在太空中锻炼的方法还有很多。例如，美国曾研制出了一种振动及蹲举式举重台，它能产生振动，航天员也可以进行在轨蹲举式举重运动。

这些运动会对航天员下肢骨骼和肌肉起到有效的刺激作用。另外，采用神经肌肉电刺激仪，能够补偿航天员肌肉活动的不足，减轻失重引起的骨质流失和肌肉萎缩。运动后进行神经肌肉电刺激，可起到按摩的作用，有利于加速血液循环，减轻疲劳。在飞行中，如果神经肌肉电刺激与下体负压锻炼结合使用，可以提高下体负压锻炼的效果和安全性。

随着中国航天员在太空中执行任务时间的增加，从发射"天宫一号"目标飞行器起，中国在"天宫一号"目标飞行器、"天宫二号"空间实验室、"天宫"空间站的核心舱内配置了多种锻炼器材。中国航天员使用太空自行车锻炼下肢肌肉；使用拉力器锻炼肩部和背部肌肉；使用跑台进行全身锻炼；使用负压筒对下半身施加负压，使失重情况下血液向上涌的现象得到缓解；使用骨丢失对抗仪以不同频率、不同力度敲打航天员腿部的骨骼，对航天员施加外力刺激；使用神经肌肉电刺激仪对航天员进行电脉冲刺激，防治肌肉萎缩。中国航天员还经常穿具有企鹅服功能的蓝色的舱内工作服。

"神舟十一号"航天员陈冬在"天宫二号"上使用太空自行车进行锻炼

除了"常规"运动，中国航天员们还在太空中解锁了许多"花式运动"，比如太极拳。其实，太极拳已经多次登上"太空舞台"，从"神舟九号"到"神舟十三号"，都有航天员打太极的"名场面"，也许这就是太极拳的"至高境界"吧！"神舟十二号"航天员聂海胜还曾在核心舱内展示过太空自行车的"花样玩法"——手摇太空自行车。中国航天员也曾展示过一系列潇洒的太空拉伸动作，如双手抱住小腿腾空、前空翻、后空翻、跳绳和打乒乓球等。

4 娱乐活动

为了调节枯燥的太空生活和工作，缓解身体疲惫和精神紧张，除了锻炼身体，航天员也在节假日期间进行一些娱乐活动，以提高太空生活和工作的质量。

太空中的航天员每个周末都会休息。不用工作的时候，航天员可以拍照、听音乐、写日记和追剧。他们还可以读书、打牌，也能与家人通话，甚至打电子游戏，使自己的太空生活过得更轻松和愉快。

另外一项很受欢迎的娱乐休闲项目是，通过舷窗观察被大气层包裹的蓝色地球和深邃幽远的黑暗太空。当航天员向窗外眺望，看到地球在自己的脚下旋转并呈现出不同的地表时，经常会对这些充满神秘魅力和令人敬畏的现象发表评论。每隔45分钟就出现在地球大气层上方的日出或日落，在航天员眼中也非常壮观。

到了周末或过节时，航天员常拿出各自带到太空的乐器进行演奏并唱歌。2001年，美国航天员卡尔·瓦尔兹身体飘浮着用吉他为航天员同伴们弹奏小夜曲；2013年，加拿大航天员克里斯·哈德菲尔德在"国际空间站"演唱歌手戴维·鲍伊的《太空怪人》；2021年，在东京奥运会闭幕式8分钟表演时，法国航天员托马斯·佩斯凯在"国际空间站"用萨克斯演奏了《马塞曲》，以浪漫的跨越空间的形式，为巴黎奥运会加油。

链接： 航天员的太空演奏姿势也是千奇百怪。如果要吹笛子，航天员必须把双脚绑好，因为一点小小的力会让航天员前后摇摆，甚至转上几圈。弹奏时，乐器键盘也不那么"听话"了，航天员每次敲击一个音符，键盘都会移动一下。

因为"出差"的时间较长，"神舟十三号"航天飞行乘组在出发前就将自己在太空中的业余时间安排好了。例如，翟志刚带了笔墨纸砚准备练习书法，还准备了一些历史影视剧。在2022年2月15日晚播出的中央广播电视总台2022年元宵晚会舞台上，航天员王亚平和她的古筝亮相开场的创意节目《齐天乐》，将中国空间站传来的太空音乐祝福和现场演奏的民族音乐巧妙融合，产生了穿梭宇宙、天地合鸣的神奇效果。另外2名航天员为大家写了"福"字、送了灯谜。

　　航天员们还可以在空间站观看电影，甚至观看地球体育直播比赛。"国际空间站"举办过太空奥运会，包括在失重状态下的"无手手球"、"无水花游"、"无着地式超长跳远"、自由体操、打羽毛球、踢足球和打高尔夫球等。

　　太空中的航天员时刻体验着"慢生活"！根据相对论，运动速度越快，人们体验的时间越慢。据测算，航天员在高速移动的空间站上生活1年，将比地球表面的人少经历约0.01秒。这意味着，空间站上的人正在缓慢地进行"时间旅行"。

"神舟十三号"航天员王亚平在中国空间站上演奏

为什么升空和返回时航天员一定要穿舱内航天服？美俄的舱外航天服有哪些不同？

　　航天服是一种为了使航天员能够在太空飞行中抵御外界恶劣环境的危害，在人体周围创造必要的气体成分、压力、温度和湿度等生活环境和条件，并保证航天员具有一定的活动性和操作性的特殊服装。它实际上是一种个人防护装备。

链接： 航天服一般由服装、头盔、手套和靴子等组成。按其用途划分，航天服可分为舱内航天服和舱外航天服；按服装内压力划分，它又可分为低压航天服和高压航天服；从结构上看，它还能分为软式航天服、硬式航天服和软硬结合式航天服。不论什么航天服，它们都是多层结构的，而且要求各层的质量高、轻而薄，以避免影响航天员的行动。

1 护身法宝

载人飞船和航天飞机的发射及返回过程比较危险，航天员必须穿舱内航天服。舱内航天服也叫防护救生服，主要是在座舱减压和氧气丧失时为航天员提供压力和氧气；在落入冷水时能防寒；长期失重导致血液在下肢瘀积时，能防止航天员立位耐力下降；在飞行中或着陆后遇到空气污染时，能防止航天员吸入有毒气体。舱内航天服属于部分加压服，压力由加压气囊提供，只对身体的部分加压。

舱内航天服是航天员在飞船上升和下降时在航天器内使用的航天服。一般由航天头盔、压力服、通风和供氧软管、可脱戴的手套、靴子及一些附件组成。其中压力服是一种软式航天服。最贴身的一层（第一层）为用纯棉布或棉麻布制成的内衣裤；第二层是用羊毛制品或合成纤维片（俗称"太空棉"）制成的保暖层，它起保温和隔热的作用；第三层是由很长的微细管道连接在衣服上制成的通风散热层，它也叫散湿层，在人体与外界隔绝的情况下，它可以把人体产生的热、水和气味带出去，即通过气流在航天服内的流动，带走人体代谢过程中产生的热量；第四层是用涂有特殊化学制剂的材料制成的气密层，密封性能非常好，用于充气加压，可以保持航天服内具有一定的压力，防止服装加压后气体泄漏；第五层是限制层，它由耐高温、抗磨损的材料制成，用来保护服装内层结构，保证航天员穿着舒适合体；第六层是外罩层，它要求防磨损力强、耐高温，一般呈现白色或金黄色。

在航天飞行过程中，一旦航天器出现泄漏，航天员的生命就会受到威胁。这时舱内航天服具备的充气加压和应急供氧功能可以在舱内压力快速下降时起到保护航天员生命安全的关键作用。

这种航天服具有良好的密封调压、通风散热、排湿等功能和足够的强度，并装备着简易的小便搜集装置。它在轨道飞行中很重要，当座舱大气压力、气体成分控制失效时，舱内航天服可作为应急救生手段。

链接：1971年4月19日，苏联发射了人类第一个空间站"礼炮1号"。同年6月6日，"联盟11号"宇宙飞船发射升空，并在第二天将首批3名航天员送入"礼炮1号"空间站。6月30日，完成空间站任务的3名航天员乘飞船返回舱按正常返回程序着陆。但是当人们打开舱门时，看到的却是已经遇难的 3 名航天员的遗体。事后调查分析发现，飞船的返回舱和轨道舱分离时，返回舱的压力阀门被震开，密封性能被破坏，返回舱内的空气从该处泄漏，舱内迅速减压，而航天员当时都未穿舱内航天服，导致航天员因急性缺氧、体液沸腾而死亡。

这次事故的原因是飞船设计不合理，座舱拥挤，只有脱掉臃肿的航天服才能坐下。当时"联盟"系列飞船的返回程序就明确规定，航天员在返回地面前必须脱掉航天服。当时就有不少科学家反对这项规定，但是航天部门的领导人并未采纳。

此后，世界各国都规定：航天员在上升段和返回段必须穿上舱内航天服。当飞船座舱出现意外而失压时，启动舱内航天服系统救生，可在 6 小时内保证航天员的生命安全，实现应急返回着陆。

2 中国创新

中国的舱内航天服从 2003 年"神舟五号"航天员杨利伟上太空时起一直使用至今。它呈乳白色，局部镶有天蓝色的边，由贴身内衣裤、羊毛保暖层、通风散热层、气密层、限制层、防护层组成。

限制层用来保护服装内层，限制气密层的膨胀。

防护层由一种高强度的涤纶材料制成，耐高温、抗磨损、可承受高强度拉力。防护层的质感很好，既漂亮又精致，用来保护服装内层结构，并使航天服按预定形态膨胀，保证航天员穿着舒适合体。

气密层由涂有丁基或氯丁橡胶的锦纶织物制成，具有良好的气密性，作用是防止服装加压后气体泄漏。

通风散热层与贴身内衣裤连接在一起，有白色管穿插其中，采用抽风或通风方式将气流送往头部，然后向四肢躯干流动，经肢体排风口汇集到总出口排出，带走人体代谢产生的

中国第一位航天员杨利伟穿的舱内航天服胸前正中为飞行图徽，右上为研制图徽

热量。平时，这些管道靠流动的冷空气将热量带出体外，如果遇到应急情况，管道中就要换通氧气，以供航天员呼吸之用。舱内航天服充入高压气体之后会硬得像金属，此时人的姿态由服装的形状确定，活动受到严重限制，所以在航天服制作中，比较关键的技术就是活动性的设计。

从外形上看，舱内航天服心脏部位有一个可以拧动的圆形装置，用来调节衣服内的压力、温度和湿度。右腹部有一根细管，是航天员的通信工具；左腹部有两条管路，是给航天员供氧和排放二氧化碳的设备。

航天员穿戴的头盔、手套和靴子更加特殊。头盔的盔壳由聚碳酸酯制成，不仅能隔音、隔热和防碰撞，还具有减震好、质量轻的特点。为防止航天员呼吸导致水蒸气凝结及低温环境下头盔面窗上结雾、结霜，航天服专家设计了特殊的气流和防雾涂层。手套与航天服配套，充气加压后具有良好的活动功能和保暖性能。

服装胸前有 2 条呈 V 字形的拉链。打开拉链，将腿伸进去，便可按步骤将航天服穿在身上。中国舱内航天服的质量约为 10 千克，航天员在正常情况下穿戴整齐需要 3 分钟时间。

链接： 与国外舱内航天服相比，中国舱内航天服在活动性方面有不少创新，如俄罗斯舱内航天服的手腕利用织物弹性变形实现活动，而中国舱内航天服采用的是结构变形，其手腕部分呈波纹状，看起来像虾背，这个波纹是由很多等容结构形成的，微摇下手腕，它就能灵活晃动，这种结构虽然工艺比较复杂，但是可以节约不少经费。

身穿舱内航天服的"神舟十号"航天飞行乘组出征

3 出舱利器

顾名思义，舱外航天服是航天员进行太空行走时穿的航天服。它能把航天员的身体与太空恶劣环境隔离开，并向航天员提供一个相当于地面的环境，提供氧气、正常气压、排放二氧化碳、维持舒适的温度和抵御宇宙辐射等维持生命所需的各种条件。

与舱内航天服相比，舱外航天服的主要不同之处就是它的活动性能要求更高，耐太空环境性能更加优异。除了具有舱内航天服的所有层，舱外航天服还增加了一些层。

增加了液冷通风层，将舱内航天服的通风散热层管内的气体改为液体，这是因为航天员在舱外作业有时长达几个小时，身体产生的热量多，气体散热达不到散热要求，而液态冷却工质就可以很好地将热量散掉。

增加了真空屏蔽隔热层，用于保护航天员在舱外作业或在月球与其他星球表面活动时，不受舱外环境过热、过冷的侵袭，又可以防止服装内部的热量散失。

在最外面还增加了一层保护层，它由多种纤维复合织物制成（包括使用防弹背心材料），具有良好的柔软性、耐穿透、耐磨损、耐高温、耐燃烧、耐腐蚀，且表面摩擦系数小，还具有防辐射的功能和连接其他装具的接口。防护层在保护内部各层的同时，还可以与航天员舱外活动时的"脐带"或便携式环境控制与生命保障系统、机动装置连接。

舱外航天服一般由服装、头盔、手套和航天靴等组成，其中结构最复杂的服装由多层组成。最里层是衬里和尿收集装置，由尼龙等编织物制成；衬里之外是用于散热的液冷通风层，即液冷服，由弹力纤维制成；液冷通风层之外是用于产生一定压力的气密层，由涂有氨基甲酸乙酯的尼龙制成；再外面是限制气密层向外膨胀的限制层，由聚酯纤维制成；限制层外是应对舱外大温差变化的真空屏蔽隔热层，它由八层组成，最里面采用涂了氯丁橡胶的防裂尼龙和涂铝的聚酯薄膜制成；最外面就是保护层了。现代舱外航天服在背部直接装有便携式环境控制与生命保障系统，胸部装有显示器和控制器。

舱外航天服的头盔由头盔壳、面窗结构和颈圈等组件构成，其中头盔壳由聚碳酸酯制成，具有强度大、抗冲击和耐热性好等优点，用于保护眼睛的面窗从外面安装到头盔上，航天员通过它可以看垂直160°和水平170°的范围。航天员在出舱前，头盔面窗的内部要喷上防雾剂。

航天飞机航天员正在穿液冷服

　　航天员的手套与服装通过腕圈接连，它要符合穿戴者的手形，能快速穿脱。每只手套上有一个气囊。航天靴由压力靴和舱外热防护套靴组成，采用多层织物和皮革材料，通常将踝部活动关节设计在压力靴上，并与航天服连接。出舱时航天员能通过腕部的镜子观察胸前的控制器和通过头盔上的透镜来观察液晶显示器，以获得报警系统的信息。

　　因为出舱时间长，舱外航天服还装有饮水袋、食物棒、搔痒工具和"尿不湿"，但是在太空行走时一般不能大便。

链接： 总的来说，舱外航天服躯干像铠甲，四肢像面包，背上还有一个大约 1.3 米高的大背包，背包里装有便携式环境控制与生命保障系统、无线电通话设备、生理测试装备等。舱外航天服通常分为六层，一般为纸尿裤、贴身内衣、液冷服、气密层、限制层、真空屏蔽隔热层，不同国家的名称可能不同。它为航天员提供 3 个方面的保障。一是辐射、真空、微流星等环境的防护；二是生命保障，保持一个适合人生存的气体、温度和湿度环境；三是良好的功效保障，保证航天员穿着舱外航天服能开展维修器材等太空作业。

　　对于太空行走来说，最常见的问题大都与舱外航天服有关，它是太空行走的薄弱环节，其中有的问题是因为航天服设计上有缺陷，有的问题是因为航天服质量不好出现了故障。例如，2013年7月16日，意大利航天员在执行出舱活动时舱外航天服头盔漏水，水漫过他的鼻子，灌进他的耳朵，使他差点淹死在舱外航天服内。后来他使用安全绳自救，利用安全绳的反冲原理，把自己"拉"回国际空间站。

4 俄美对比

目前，国外能研制舱外航天服的国家只有俄罗斯和美国。俄罗斯常用舱外航天服名称为"奥兰-M"（也叫"海鹰-M"），美国常用舱外航天服叫"航天飞机舱外航天服"。它们在外观上相似，但是实际上性能差异很大。

例如，俄罗斯舱外航天服的工作压力约为40千帕，而美国舱外航天服的工作压力约为30千帕，因此穿美国舱外航天服出舱的航天员能够完成多种任务，包括可以很容易地拾起1枚硬币，穿俄罗斯舱外航天服的航天员因为有较高的工作压力，所以可以减少出舱前用于吸氧排氮的时间。

俄罗斯舱外航天服采用一体化设计，属于自穿式，即航天员一个人就可以穿上航天服，关上门后开始加压，几分钟内就能穿好。美国舱外航天服上下分开，且需要在他人的帮助下才能穿好，需要15分钟的时间才能完成。

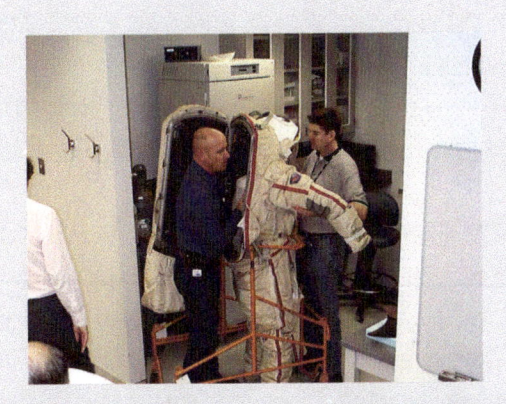

从"后门"进入的俄罗斯奥兰-M一体化自穿式舱外航天服

俄罗斯舱外航天服设计简单，所有与生命攸关的系统都采用冗余设计，非常耐用，使用期为 4 年，其部件凸出，容易用手摸到，因而便于在太空中维修和更换零部件，这是其最大优点。美国舱外航天服则是按系统可靠性设计的，如果出现故障需要运回地面维修，一般半年送回地面维护一次。

链接： 全球现在只有少量女性航天员进行过太空行走，原因之一是上太空的女性航天员总数少，原因之二是舱外航天服基本不分男女，只是男性航天员使用男性尿收集袋，女性航天员则使用女性尿收集袋，使得 40% 的女性航天员因身材比较矮小而没有合适的舱外航天服穿用。目前，最大的困难是在太空行走时如何大便，因为在太空中，排出的大便与航天员身体接触的时间如果太长，有可能导致航天员感染甚至得脓毒症。

舱外航天服总的改进方向是：进一步提高安全性和可靠性；继续提高服装关节的活动性；设计出实用型高压航天服。

5 其他服装

除了舱内航天服和舱外航天服，航天员还有多种常服，包括内衣、舱内工作服、对抗微重力的企鹅服、空间运动服，等等。

当航天器入轨之后，状态趋于稳定时，航天员就可以根据指令换穿第二套服装——舱内工作服，这是一套蓝色连体的航天工作服，具有防静电、保暖、透气、防辐射等多重功效，灵活便捷。它使用了耐脏布料，空间站内部干净整洁，几乎没有飘浮尘埃，一件航天工作服穿半个月都没问题。

空间运动服跟地面的运动服没有什么差别，男女样式基本一样，都是圆领套头 T 恤搭配短裤，但是在舒适度上会有特别考虑。在航天器内运动的时候会出汗，空间运动服就要速干，给航天员带来干爽感。这些服装是一次性使用的，因为目前载人航天器上没有洗衣机。

中国航天员在舱内活动是不穿鞋子的，他们的袜子上涂了一层橡胶涂层，相当于一层"胶底"，这样他们的脚在接触金属的时候就不会很冰凉。后来，他们又改穿特殊的鞋，这种鞋采用了柔软、轻便、环保且富有弹性的材料，以保证航天员在舱内失重环境下活动时脚部的舒适感和安全性。

企鹅服里面有很多橡皮条，类似地面上做运动时用的拉力器的效果，航天员穿上后通过弹力作用使肌肉紧张，避免肌肉萎缩。现在，中国的企鹅服已经与舱内工作服合二为一了。

国外航天员穿早期的企鹅服进行实验

中国第二代舱外航天服相比第一代舱外航天服有哪些改进？怎样穿着它们？

航天员空间出舱活动俗称太空行走，是载人航天的关键技术之一，但是如果航天员直接暴露在茫茫太空中，会面临太空垃圾、失压、缺氧、大温差和强辐射等危险并受微重力的影响，因此航天员进行太空行走时必须穿舱外航天服。舱外航天服相当于一个人体大小的微型载人航天器，能把航天员的身体与太空恶劣环境隔离开，有独立的环境控制与生命保障系统，以便向航天员提供一个相当于地面的环境，同时提供氧气、正常气压、排放二氧化碳、维持舒适的温度和抵御宇宙辐射等维持生命所需的各种条件。中国在2004年开始研制舱外航天服，并于2008年首次使用。

1 两代"飞天"服

中国于2004年在人员紧、任务急的情况下开始研制舱外航天服,只用大约4年时间完成了其他国家8年甚至10年才能完成的任务。中国专家采用了"时间倍增"概念,抽调了一支精英小分队,加班加点,用47个月的时间完成了初样、正样的生产和试验。虽然说首次太空行走只需要1套服装,但是从初样到正样,设计者们设计了10套服装,这些服装还包括多套备份服和专用训练服。为了纪念这次集智攻关的胜利,国家领导人亲笔为航天服题名"飞天"。

2008年9月27日,"神舟七号"航天员翟志刚身穿国产第一代"飞天"舱外航天服(简称"飞天"服)出舱,圆满完成了中国人的首次太空行走。

链接: 第一代"飞天"服的质量约为120千克,单套价值高达3000万元人民币,可靠系数为0.997,可支持至少4小时的舱外活动,能重复使用5次以上,服装气体泄漏率不大于2升/分钟,应急供氧时间多于30分钟,平均散热量为300瓦。"飞天"服最高为2米,配有1.3米高的环境控制与生命保障系统背包,能供身高1.6~1.8米的航天员使用。

2021年,我国开始在空间站上使用的第二代"飞天"服比第一代"飞天"服重了10千克,这是因为它进行了大量改进,在关节部位使用了很多小型化气密轴承,从而大大提高了关节的灵活性,方便了航天员在太空行走时安装设施及进行科学实验,减少了航天员舱外活动时的体能消耗。

另外,第二代"飞天"服手套的灵敏度更高,能够让航天员握住直径5毫米的物体,而第一代"飞天"服手套只能让航天员握持直径25毫米的物体。

航天员穿第二代"飞天"服自主舱外操作时间由第一代的4小时提高到8小时;重复使用次数由5次提高到15次,使用寿命为3年;第二代"飞天"服的头盔上增加了天窗和摄像机,可以全程记录航天员舱外操作过程。

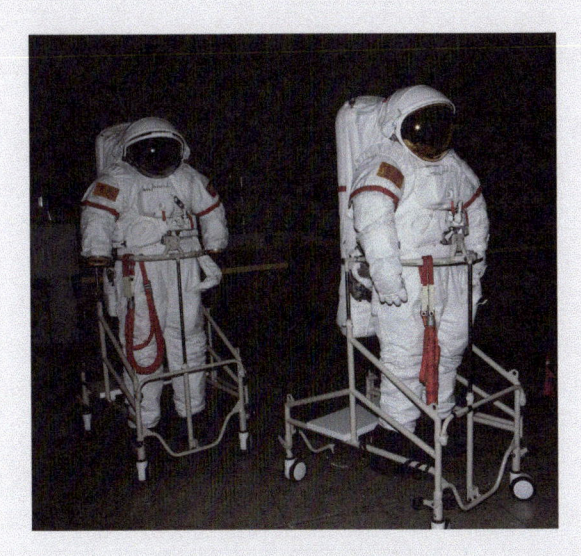

中国第一代"飞天"舱外航天服

2 安全可靠

"飞天"服携带的氧气瓶采用复合压力。服装通体纯白，从上到下依次是头盔、上肢、躯干、下肢、压力手套、靴子。航天员出舱面临200多摄氏度的温差、空间辐射等一系列考验，"飞天"服有多层设计，实现了真空防护、高低温防护和辐射防护。

"飞天服"整体上从内到外分为6层：由特殊防静电处理过的棉布织成的舒适层、橡胶质地的备份气密层、复合关节结构组成的主气密层、涤纶面料制成的限制层、通过热反射实现隔热的隔热层、最外面的外防护层。但是躯干处有7层，最厚的挂包则有20层。服装的四肢处装有调节带，通过调节上臂、小臂和下肢的长度，可以使身高1.6～1.8米的人都能穿上这套衣服。"飞天"服最外层的防护材料可耐受200多摄氏度的温差。

"飞天"服头盔的视野比其他同类产品要大；头盔上装有摄像头可拍摄航天员出舱操作；两侧各有1个照明灯，可照亮服装胸前部分，方便航天员在阴暗面操作；两侧有报警指示灯，在航天服出现泄漏时自动报警，同时还有语音报警。它的面窗有4层，其中2层为充压结构，2层之间充高纯氮气和防结雾，外面是防护面窗，最外层是镀金的滤光面窗，对太阳光折射率低，防止太阳光线直接照射人眼。

3 结构设计

"飞天"服躯干外壳为铝合金薄壁硬体结构,厚度仅为1.5毫米,却有着极高的强度。其抗压能力超过120千帕,经得起地面运输、火箭发射时的振动,还能连接服装的各个部位,承受整套服装的质量。铝合金躯干外壳上装有各种仪器:电控台、气液控制台、气液组合插座、应急供氧管、电脐带。仅十几平方厘米的电控台里就有照明、数码管控、机械式压力表等9个开关,只有汉语词典大小的气液控制台里集成了20多种阀门。很多阀门外形奇特,涉及特种不锈钢、特种铜材、特种橡胶和特种乙烯等材料。

"飞天"服采用了整体拟人形态半硬式密封结构(即从腰部以上的躯干是硬式结构,四肢为软式结构),以及后背铰链门式穿脱机构。采用闭式循环非再生式环境控制与生命保障系统,由高压氧瓶供氧,使用40千帕纯氧压力,主要采用水升华器技术实现主动热防护。其遥测与控制系统把舱外航天服的工程参数、航天员的生理参数和语音信号集中起来,通过电脐带有线下传或遥测设备无线下传。可由电脐带从航天器处传输电流,也能由服装电池自主供电。

太空行走主要靠手完成,因此舱外航天服的手套必须灵活,同时又要有相当的厚度以保证气密性、隔热性。"飞天"服的手套采用国际上先进的"三维数字扫描"技术为每位航天员量身定做,使用起来既安全又灵活。该手套外层为纤维织物,有2层气密层,使用特殊隔热橡胶材料,能耐受100℃高温。指尖部分只有1层气密层,以保持触觉,手指其余部位内有2层真空屏蔽隔热层。手套的手背处装有可以翻折的热防护盖片,它不仅能提高手指的热防护能力,还能保证手指的关节活动性。手套的握物部位设置有防滑的凸粒状橡胶。

第一代"飞天"服的出舱活动通信系统分为无线通信方式和有线通信方式,互为备份,但以无线通信方式为主。有线通信是通过连接航天员腰部左侧阀门的8米长电脐带实现的,这根与飞船相连的电脐带可以用来传输航天员的生理参数,还可以通过航天器与地面直接通话。电脐带里面有很细的钢缆,因此不仅能为航天员提供备份通信或能源,也能起到一定的安全保障作用。因为技术成熟可靠,所以航天员穿第二代"飞天"服出舱时只使用了无线通信方式。

链接：出舱航天员主要靠舱外航天服胸部右下侧伸出的 2 根一长一短的橘黄色安全绳及其挂钩来保障安全，它们内部有弹簧，最长可拉至 3 米，能够承受 9.8 千牛的拉力，这就起到"3 保险"的作用。中国出舱活动的设计理念是保证 2～3 倍的安全裕量。

4 穿戴顺序

航天员穿"飞天"服时需要先把双腿伸进航天服的下肢，臀部靠在航天服的背包沿上，然后关闭背包门，将自己裹在庞大的舱外航天服中。这个过程耗时只有 3 分钟，但是之前的准备工作需要花费不少时间：穿上贴身内衣；穿一件能够测量心跳、体温的生理背心；穿防静电的连体内衣；穿给人体散热的液冷服；戴上通信装备……

为满足航天员在太空活动的需要，"飞天"服具有供氧、温控、二氧化碳吸收等环境控制、生命保障与安全防护的功能，具备信息采集传输、通信能力，同时能满足人机工效要求。其技术特点是：具有独特的弯曲关节机构，活动阻力小、可达域和操作活动工效性能良好；采用高压储氧双氧源设计，氧瓶使用复合材料技术；最外层采用双层织物复合材料，具有良好的综合性能；采用水升华器冷源/换热器技术；采用先进的航天员生理信息处理和显示系统；采用先进的码分多址的出舱活动通信技术。

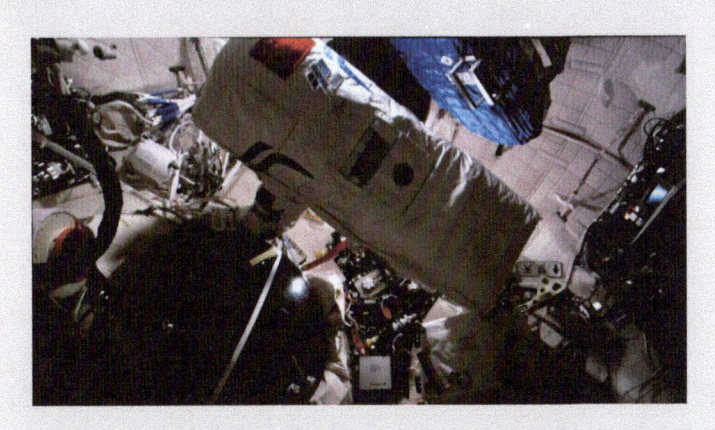

"飞天"服背包内集成了环境控制与生命保障系统

重而不笨、行动灵活是"飞天"服的一大特点。其上肢的肩、肘、腕和下肢的膝、踝等关节处使用了气密轴承。在气密轴承的作用下，航天员的手脚可以随意转动，同时能严格保证气密性。其中，上肢关节采用仿生结构，活动更加自如。手腕处装有一面小镜子，航天员可以通过它查看身上的开关。高1.3米的背包上有航天服穿脱口的密封门，通过拉紧钢索和操作关闭手柄完成关闭操作。背包内集成了环境控制与生命保障系统，背包下端装有挂包、备用氧气瓶等。

链接： 总之，"飞天"服有很多中国独有的特点。例如，在电控系统上，"飞天"服全部采用数字信号处理，显示器则采用了国际上最先进的有机发光二极管技术，使显示器更大、更薄、更省电、更耐受高低温，显示色彩更艳丽，更方便航天员查看。

"神舟七号"航天员翟志刚使用的第一代"飞天"服放在"神舟七号"的轨道舱内，进入太空后，在轨道舱进行组装、测试、气密性检查等工作，耗时长达15个小时。

在完成出舱任务后，受体积、质量的限制，这套"飞天"服不会再随返回舱返回地面，而是会同轨道舱一起弃置在太空。虽然舱外航天服是按多次重复使用设计的，但是在"神舟七号"任务期间只能是一次性使用，只有翟志刚穿的这套"飞天"服的手套被带回了地面。

第二代"飞天"服由"天舟"货运飞船送到空间站上，再由航天员转移到气闸舱，进行组装、调试、气密性检查等工作。由于"天舟"货运飞船比较大，所以"飞天"服的组装工作比较简单，主要是把"飞天"服转运到气闸舱内进行调试。最终，第二代"飞天"服也没有被带回地面，要随"天舟"货运飞船再入大气层烧毁。

5 硬核知识

由于空间站的活动空间有限，研制成本和运输成本都极其高昂，并且会有多名航天员执行空间出舱任务，因此舱外航天服无须做到一人一套、量体裁衣。

中国在空间站上一般准备着3套"飞天"服。中国根据"飞天"服的构形，采用"一对多"的适体性原则，即一套服装多人穿用，被动适体性与主动适体性相结合，兼顾个性与共性要求。

其上躯干为硬结构，采用单一参数的固定结构，根据目标着服人群身体参数，包络最大范围；下躯干与上肢采用主动适体性设计，根据航天员人群身体参数确定参数范围，通过调节结构实现局部尺寸调节；手套采用被动适体性与主动适体性耦合设计，根据航天员人群手部参数分型，着服航天员可根据自身手部参数选配，同时可以调整手掌围度，以获得更好的操作性。

中国空间站内的3套"飞天"服用红色（A）、蓝色（B）、黄色（C）3种饰带区分。本着延长在轨使用寿命的原则，在执行出舱任务时尽量平衡3套"飞天"服的使用频次。

在"神舟十四号"的航天员首次出舱前，红色"飞天"服使用了4次、蓝色"飞天"服使用了2次、黄色"飞天"服使用了2次，所以"神舟十四号"的航天员先后2次分别使用了蓝色"飞天"服和黄色"飞天"服来完成太空行走任务，这样，"飞天"服出舱的任务次数基本上就一致了。

液冷服是舱外航天服的一部分。航天员在舱外活动时会产生热量，而舱外航天服又要隔绝外部真空环境，是一个密闭的空间，为了散热，航天员就需要穿上液冷服。液冷服上下都是细密的小孔，40多根液冷管线均匀穿过这些小孔，通过液体在液冷管线中的流动实现循环降温的效果。据悉，液冷服同样为航天员共用产品，整体分型设计，航天员选取适合自身体型的液冷服，穿在出舱内衣外。

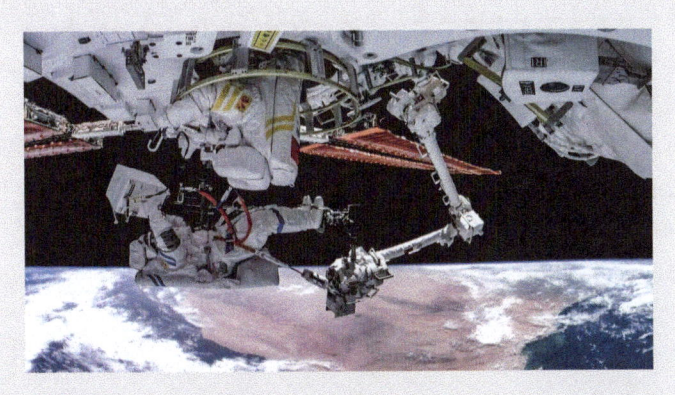

"神舟十四号"2名航天员分别身穿蓝色、黄色"飞天"服在舱外作业

"飞天"服贮存期限或使用次数达到设计值后，首先要进行性能评估，看看是否能够延寿，在确认不可在轨维修使用后才会被抛弃。目前的计划是分两批次替换。

　　每名航天员在使用"飞天"服出舱前，都会在"飞天"服的外面签上自己的名字，以记录这套"飞天"服被谁使用过。据悉，任务结束后，签名的"飞天"服裁片会在返回载荷允许的情况下由航天员拆下带回。

链接： 关于未来的舱外航天服，中国的设计思路是模块化、轻量化、多用途一体化设计。例如，在实现复杂环境一体化防护、功能模块化的互换性、外部接口的兼容性等基础上，最大限度地降低舱外航天服的自身质量，提高其灵活性与机动性，以充分适应不同探测任务下各种人机配套模式的适用需求。

航天员在太空中吃的食品有什么特殊性？在太空中吃饭常用几种方式？

　　俗话说："民以食为天"，航天员也不例外。不过，太空的失重环境给航天员的饮食带来了很大的麻烦，使航天员的口味也变得很特殊。例如，不少航天员反映，在太空中人的味觉和嗅觉会发生变化，食品好像失去了原有的特色，味道变得模糊不清和难以琢磨，有的变得味同嚼蜡，有的则感觉淡而无味，这就导致航天员普遍喜欢吃刺激性强的食品，主要原因可能是失重环境造成人的体液转移。此外，航天员会有渴感消失、饮水量减少、食欲不振、体重减轻等症状。因此，航天员在太空中要吃特制的航天食品。航天食品是一种能在失重环境中方便使用，结合航天员在太空中的口味和消化吸收能力，以及特殊进食方式而研制的一种含包装的形式不同的食品。

1 方便可口

为了保证航天员的身体健康，必须为航天员提供安全、营养、可口、便于食用的食品。为此，要建立满足载人航天工程条件和医学要求的航天饮食系统。

链接： 所谓载人航天工程条件是指载人航天器总体对航天饮食系统的质量、体积和耗电量的限制等。例如，发射物品上太空的成本很高，所以，为了节省载人航天器的飞行空间，增加有效载荷的质量，航天饮食系统占用的质量、体积和耗电量都要精打细算，航天食品应尽可能质量轻、体积小、营养丰富。此外，航天食品及其包装还必须能够经受住航天环境因素，如冲击、振动、加速度的考验而不破损或变质。

链接： 医学要求主要包括安全、营养等方面的要求。航天食品必须符合医学要求，不能使航天员发生任何食源性疾病和食物中毒。由于航天员生活在特殊的环境中，因此航天食品也与众不同。航天食品必须包含足够、完善和科学的营养，如人体每天需要的蛋白质、脂肪和糖等，并保证含有钙、磷、镁、钾等主要无机元素，还要含有铁、锌、硒、碘等微量元素，以及2种脂溶性维生素（维生素A和维生素E）和各种水溶性维生素（维生素B族和维生素C等）。

从营养方面来看，航天食品应符合失重条件下航天员生理改变的要求。航天飞行会导致航天员骨丢失、肌肉萎缩、红细胞数量减少，航天食品要针对航天员生理改变指数对膳食的营养需求做出适当调整。例如，为应对肌肉萎缩，要求食品要提供充足的优质蛋白质；为应对骨丢失，要求食品要提供充足的钙与维生素D，并具有适宜的钙磷比例。另外，在航天飞行初期，食品的脂肪含量不宜太高，以免加重航天运动病；为防止心血管功能失调，要限制食品中钠的供给，保证钾的供给。

在失重的微小环境中生活和工作，航天员的口味变得很特殊，吸收消化能力也受到一定的影响。有时出于航天飞行的需要还要限制或增加某些食物，如飞行前要限制食物中的钠和水及纤维成分，以减少飞行初期航天员的大、小便次数；飞行后要增加某些营养，以加速身体恢复。

此外，为了方便航天员在太空失重条件下进食，防止食物在飞船舱内四处飘浮，一般把航天食品加工成一口就能吃下的大小，并且食品包装内一般不能有流动的汤汁，这种食品也就是所谓的"一口吃"食品。为了减轻飞船舱内的废物收集系统的负担，航天食品一般不含骨、皮、核等残渣。

中国航天食品（莲蓉蛋黄月饼），一口一个，月饼上有"飞天""奔月"字样

在长期的航天飞行中，航天员长期处于失重状态和狭小空间中，食欲容易下降，因此航天食品还必须种类丰富、花样繁多，以刺激航天员的食欲。

2 种类丰富

航天食品的构成和功能取决于航天飞行时间的长短、载人航天器的限制条件和任务的复杂程度，一般要求与特殊的空间环境和飞船工程设计相适应，能最大限度地满足航天员的生理和心理需求，为顺利完成航天飞行任务提供良好的营养与食物保障。

目前，航天员主要食用携带式食品；对于执行未来的载人火星探测任务和在月球上长期居住的航天员来说，要食用空间生物再生式食品。

到目前为止，无论是按小时和按天计划的短期飞行，还是按月和按年计划的长期飞行，都需要从地面携带和补给食品。

携带式食品按其用途可分为食谱食品、储备食品和救生食品；按加工类型、使用方法和具体用途则可分为冷冻冷藏食品、自然型食品（又称"天然食品"）、即食食品、中水分食品（又称"中等湿度食品"）、辐射食品、压缩干燥食品、复水食品、复水饮料、热稳定食品等，其中除压缩干燥食品属于救生食品外，其余均为食谱食品。

冷冻冷藏食品是在地面上冻好带进太空的，消融后可食用。加工后仍然保持其自然形状（如坚果）的食品是自然型食品，食用时不需要再做制备的食品是即食食品。中水分食品是指部分脱水的即食食品，果酱、蜜饯、果脯和肉脯等食品部分脱水后，在室温下耐藏性好，不容易腐败变质，食用前不需要处理，是航天食品中常见的食品类型。

美国"天空实验室"上航天员的食品。托盘上的食品分别为（从后左开始逆时针）：橘汁饮料、草莓、芦笋、排骨、晚餐卷，中间是奶油布丁。在托盘旁边摆放的食品是（从左到右）：葡萄饮料、烤牛肉、鸡肉米饭、牛肉三明治、方形甜点心

用低剂量射线照射加工后的食品叫辐射食品，照射的目的是杀死果蔬等保鲜食品中的虫子和细菌。这种即食食品可以在常温下保存较长时间，且食用方便。相比热稳定食品，辐射食品可减少食品营养成分的损失；辐射食品比用化学方法保存的食品更安全，比冷冻冷藏食品更节约能源。

链接：所谓复水食品是一种冷冻干燥食品，它在被送上太空时轻而小，但是在食用前必须复水，它的包装袋上都有一个单向入水阀门，以便复水，复水后即可食用。由于冷冻干燥食品质量轻、耐藏性好、复水快，基本上能恢复原有食品的一些物理性质，最大限度地保留食品原有的色、香、味及营养价值，所以复水食品绝大部分是采用冷冻干燥法制成的。在世界载人航天活动中，复水食品是一种常用的航天食品。

复水饮料是加水复原后饮用的固体饮料，通常采用喷雾干燥和冷冻干燥方法制成，也是一种常用的航天食品。

热稳定食品是指经过加热灭菌处理的软包装食品和硬包装罐头类食品，加热灭菌处理的目的是消灭绝大部分微生物，并防止外界微生物再次入侵，在室温下能长期贮存。这类食品一般采用罐装或袋装，航天员可以使用餐具从容器中直接取食，也可以加热后食用。因为经过了高温高压杀菌处理，所以热稳定食品的口味差一些。

3 两种类型

航天食品可分为两种类型：在太空中正常飞行时航天员需要食用的食品，在特殊情况下航天员需要食用的食品。此外，还有一些特殊的航天食品，例如，在载人航天器发生故障，航天员必须穿着航天服时需要食用的应急食品，一般是铝管包装的半固体果酱、菜泥、肉羹等；放在头盔内颈圈部分的固体或半固体、流质供食器中的食品，是航天员在长时间太空行走时食用的食品。

如何搭配进食和建立饮食制度也是很重要的问题。饮食制度是按航天员的生活工作和锻炼情况来合理安排每日进餐次数、每餐食品量和热量、进餐间隔时间的一种规定，也是制定每日食谱的依据。例如，苏联"礼炮6号"空间站上规定：每日4餐，每餐食品量和热量接近均等；各餐间隔时间为3～5小时；锻炼后过15～20分钟才能进餐；锻炼或紧张脑力劳动必须在饭后1～1.5小时后才能开始。美国采用每日3餐的制度。

航天食谱必须符合营养标准和航天员口味及其饮食习惯。航天食谱一般分2种，一种是通用型，一种是个人爱好型。为了避免单调，在太空中使用的航天食谱一般以4～6天为一个周期，在一个周期内除饮料外每天食品不重样。

例如，美国航天员的通用食谱分为A、B、C餐：A餐有桃、烤牛肉、炒鸡蛋、薄饼、可可、橘子饮料、维生素丸和咖啡；B餐有猪肉混合菜、土耳其香肠、面包、香蕉、杏仁脆饼和苹果饮料；C餐有虾、牛排、烩焖饭、花椰菜、鸡尾水果、布丁、葡萄汁饮料和冰激凌。从这些食品种类上看，营养成分是比较齐全的，符合航天员的营养标准。从在太空中生活过的航天员的健康情况看，还没有发现有过度营养不良者，虽然在长期航天

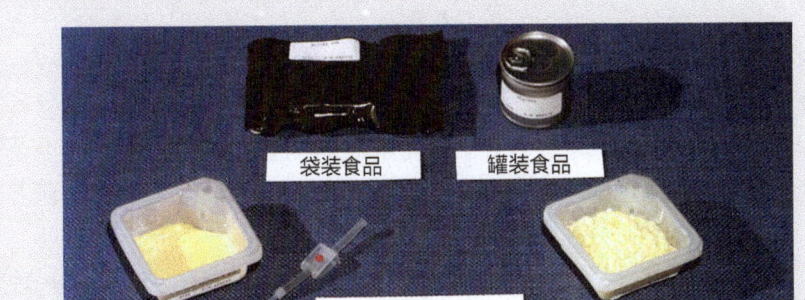

时航天员普遍出现缺钙现象和肌肉萎缩,但是这只与长期失重有关。

美国航天员使用过的食品。从左上方起顺时针为:袋装食品(需加热)、罐装食品(需加热,加热的目的是杀灭可能存在的对身体有害的细菌。这些食品可以在常温环境中储存)、复水食品(摊鸡蛋,进食前先注入热水)、天然食品(花生仁)、中等湿度食品(杏)、复水饮料(食用前注入冷水)

中国航天员的通用食谱相当丰富,除了种类繁多的鱼及肉类罐头、面包等,还有中式菜品,如鱼香肉丝、宫保鸡丁等,在色、香、味、美方面优于西餐。脱水米饭、咖喱米饭、什锦炒饭、扬州炒饭等主食装在一个个书本大小的银灰色袋子里。菜肴也很丰盛,还包括大虾等海鲜。

链接: 由于中国航天员爱喝茶,所以除橙汁等常规饮料外,冰红茶和绿茶等时尚的现代饮料也一应俱全。专家还为航天员准备了草莓、苹果、香蕉和水蜜桃等水果。为了便于保存,专家在低温下去掉了水果的水分,将其加工成冻干水果。虽然水果变成了"干果",但是口感与色泽还都不错,仍然保持着水果的风味。

另外,还有一种航天食品叫功能性食品,它能增强航天员机体对太空不良环境因素的耐受能力,例如,增强航天员机体对失重和空间电离辐射环境的耐受能力及应激适应能力。它除具有适当的营养外,还能改善人体健康状况及降低患病风险。功能性食品可分为以下几类。

一是抗疲劳食品。航天员长期在太空中生活和工作容易疲劳，这类食品可以很好地补充能量，改善机体内环境，特别是平衡体液系统。进食碳水化合物尤其是补充等渗葡萄糖，有利于恢复精神和体力；进食碱性食物或饮料能中和体内的乳酸，有利于恢复体力。补充牡蛎提取物、天门冬氨酸盐类和麦芽油中的二十八烷醇，能抗疲劳和提高耐力；食用人参、刺五加、田七、五味子、黄芪、麦冬等中草药，也可以抗疲劳。

二是抗辐射食品。航天员长期在太空中生活和工作，身体不可避免地会受到太空辐射环境的影响，除采用必要的防护措施外，加强营养保健也是一个非常重要的内容。食用含有维生素A、D、E的食物能抗氧化、保护生物膜；食用含有维生素B1、B2、B6等的食物能缓解代谢紊乱和功能障碍，减轻辐射损伤症状。此外，茶多酚、香菇多糖、海藻多糖、螺旋藻多糖、藻蓝蛋白、胱氨酸、半胱氨酸、组氨酸、精氨酸和牛磺酸也具有预防辐射损伤的作用。

三是延缓肌肉萎缩和抵制骨丢失食品。航天员长期在太空微重力环境下生活，容易肌肉萎缩和骨丢失。为此，他们每天要进行体育锻炼。另外，通过改善航天食品的花样与品种，使航天员摄入更多热量，补充适量的氨基酸制剂，对延缓肌肉萎缩具有一定的效果。另外，补充维生素D、K，调整膳食中的钙磷比例等，对防治骨丢失有一定作用。

益生菌、益生元和合生元制剂在改善与调节肠道微生态平衡方面效果显著。未来的航天食品将从地面携带或定期运送向空间生物再生过渡。

4 需要训练

吃饭、喝水对于生活在地面的人来说是最平常不过的事情了，但是在失重环境下的太空生活和工作中，航天员的饮食就显得十分复杂而奇妙了。可以说，航天员的进食方式、营养需求、食品制备、供给等都有一定的特殊性，所以他们的饮食与地面的饮食有很大不同，需要事先进行相关训练。

即使有了美食，航天员要想在太空失重环境中将其吃进嘴里也不容易，不过，在太空中吃饭有几种很有意思的吃法。

一种是坐着不动，像在地面上就餐一样，自己把食物往嘴里送，不过在失重环境中人的手好像不太灵活和准确，常常弄错位置，不是送到鼻子上，就是送到眼睛里，所以航天员要进行多次练习，才能准确地将食物送到嘴里。

另一种吃法是把要吃的食物放在半空中，食物悬停在半空中，人飞过去用嘴凑上去吞食，像小鸟在空中捕食飞虫那样进食，但是动作一定要快，不然这块食物就会被同伴们抢走。有位航天员说："有一次我在半空中放了2块食物，其中1块就被别人抢走了。"吃饭的时候要闭嘴咀嚼，千万不能让食物残渣漏到嘴外，否则食物残渣会在空中飘浮，很难清除，如果自己或同伴把食物残渣吸到鼻子里就不好办了。

"神舟十一号"航天员陈冬在"天宫二号"空间实验室吃罐头食品

链接： 因为水在失重环境中是不流动的，不能像在地表那样往低处流，所以，在太空中喝水也不方便。一个装满水的杯子朝上放和朝下放都是一样的，杯子里的水不会自己流出来，如果动它一下，杯子和水会同时飘浮起来。但是要注意也不能把水弄到空中，因为水和别的物质一样都会在空中飘荡，被人吸到鼻子里也会影响健康，还会危及设备的安全。

太空中的饮用水和航天食品一样，也是用密封袋装的，航天员可用软管或对着袋嘴挤着喝。太空中的饮料通常装在袋中，有固体和液体之分。如果是固体饮料，就要使用一种"水枪"式的工具往袋里注水，这时会出现一种有趣的水和固体饮料不相溶的现象，需要施加压力才能溶解。喝水时要用手挤着喝，力道还不能过大，否则水会被挤到空中变成水雾。

"国际空间站"航天员在服务舱用餐，待食用的西红柿在他们面前飘浮

用餐时，航天员每人一套餐具，包括餐盘、勺子、叉子、安全剪刀等，餐盘束缚在航天员一侧大腿上，勺子、安全剪刀等吸附于餐盘上，餐盘上的尼龙搭扣将食品固定在餐盘内。复水食品具有相互黏连性，需要用勺子食用或用吸管吸食。航天员饭后还要把没有吃完的食品装入废物收集装置，并在剩余食品中加入防腐剂，避免食物变味变臭，防止食品碎屑、水滴或包装物在飞船座舱内到处飘浮。

中国研制了哪些航天食品？为什么每个航天飞行乘组的航天食品不完全一样？

截至 2023 年年底，中国发射了 13 艘"神舟"系列载人飞船，将 12 个航天飞行乘组，20 名航天员送上了太空。因为每个航天飞行乘组在太空中的逗留时间不同，每个航天飞行乘组完成的任务也不同，中国航天食品的种类、口味、功能等也在不断发展，所以中国每个航天飞行乘组的航天食品不完全一样。

1 "神舟六号"航天食品

由于2003年上太空的中国第一艘载人飞船"神舟五号"的飞行时间比较短，大约为1天，所以只准备了点心和咖啡等少数航天食品。"神舟五号"上的食品都是即食食品，不需要加热或加水。杨利伟也成为首个在太空中吃月饼的人。

2005年发射的"神舟六号"的航天员费俊龙、聂海胜每人每天的食品质量为0.6千克。在正常的轨道飞行中，每位航天员每天需要饮用大约2.5升的水。由于"神舟六号"飞船要进行2人5天的飞行，因此食品方面有一些改进。

由于"神舟六号"的飞行时间较长，航天员将可以吃到热食热饮，食品种类和数量都有所增加，其中食品种类从"神舟五号"的二三十种增加到四五十种，包括软硬罐头、复水蔬菜、冻干水果、调味品、糕点、主食和饮品等，每一种类都有多种选择，包括一些中餐，如宫保鸡丁等。在进餐的方式和口味上也有变化。

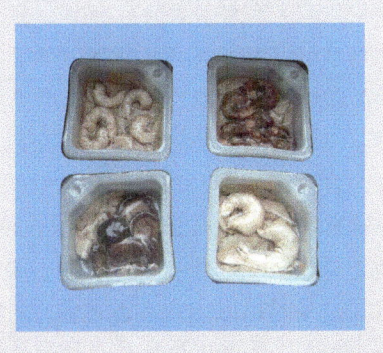

中国航天的复水食品（食用前先复水）：冻干复水大虾

链接： 复水蔬菜是典型的航天食品。加工时，蔬菜要经过烫熟、调味、干燥、装盒等程序。食用时，只需要加入一定的水，菜叶一旦变湿，就会"还原"成餐桌上的熟菜，而且色、香、味俱全，完全可以与地面上的菜有媲美。

"神舟六号"上的航天食品虽然在加工方法、包装形式上借鉴了国外的一些经验，但是在菜品的制作、口味的选择上却很有中国特色，很多传统的中式菜出现在航天食谱中，尽可能符合航天员的口味要求。航天食谱中的食品以传统的中餐为主。膳食有主食和副食之分，主食主要以米、面类为主，副食讲究荤素搭配；在加工上注重色、香、味、形。

　　航天员费俊龙和聂海胜每顿饭有3～4个菜，还搭配了小吃、开胃小菜等，鲍鱼、大虾也在食谱之中，饭后还有冻干的巧克力奶油冰激凌。主食方面有白米饭、八宝饭、咖喱饭、糯米饭4种，航天员们可以每天换着食用。航天器上还配备了加热装置与饮水器。因为蔬菜加工起来比较复杂，而且在太空中食用复水食品也比较麻烦，所以航天食品专家只给航天员每餐配备了一个素菜。

　　为了在太空中也能吃水果，航天食品专家还为"神舟六号"航天员特制了"冻干水果"。航天员也可以饮用咖啡、茶、果汁和奶油浓汤，这些都是复水饮料。航天食品专家发明了包装简单、饮用方便的茶精饮料，航天员饮用时需要通过包装袋上的一个单向阀门将水注入，揉捏包装袋，将茶与水充分混合，就可以打开包装饮用了。同时，航天食品专家还在饮料中增加了能强身健体的成分，如松花粉、螺旋藻等，甚至还增加了功能性多肽糖和中药，来提高航天员的免疫力，尽可能避免航天运动病的发生。

　　由于"神舟六号"飞船启用了轨道舱，设置在轨道舱中的许多新式厨具派上了用场。例如，食品加热器、饮水箱、水枪等装置，使航天员费俊龙和聂海胜吃上了热腾腾的食物，喝上了"桶装纯净水"。在"神舟六号"飞船上，航天员将轨道舱当成餐厅，一天早、中、晚3顿，两人轮流从返回舱进入轨道舱进餐。进餐时可以用食品加热器，这个装置与卫生保健箱大小相当，加热30分钟便可食用。准备时间加上吃饭的时间，航天员吃一顿饭就要花费1小时，因此，先吃的航天员就要准备好两人的饭菜。如果航天员不喜欢吃菜单上的食品，而要吃配餐食品，准备工作就要复杂得多。

链接： 返回舱的舱壁上装有一个圆球形的饮水箱，装满了从地面带去的纯净水。这些水都是从北京航天城地下1700米打上来的经过严格的程序加工成的纯净水，喝过这种水的人都觉得水质清醇，口感甘甜。饮用时，航天员需要用水枪把水装入特殊的饮水容器中吮吸。市售矿泉水一般取自地下 100 米。航天员用水取自地下 1700 米，是为了确保水源没有受到任何污染，同时使水中的杂质含量降至最低。经过净化处理后，不添加任何微量元素，航天员饮用水的纯度可以达到 99.99999%，堪称中国目前"最纯净的饮用水"。

"神舟六号"航天员费俊龙在太空中喝水

航天食品都是请航天员品尝并打过分的，航天食品专家们根据航天员的意见对航天食品进行了适当的改进，有些菜品还会因为口味不合被淘汰。比如用五花肉制成的米粉肉，航天员在品尝后觉得有些油腻，米粉肉因此得分不高而被淘汰；什锦炒饭曾因不适合冷食而落选。

吃喝训练也是"神舟六号"航天飞行任务新增加的项目，包括一系列单项训练：怎样使用食品加热器，怎样使用餐具，怎样喝水，怎样收集废水，怎样对脱水的蔬菜进行复水，等等。总之，每一个动作都有严格的操作规范，不能有一点差错。航天员在太空中的每个动作都是"规定动作"，没有"自选动作"。

2 出舱特制

2008 年升空的"神舟七号"飞船上的食品更加个性化，航天员第一次在太空中吃上了真正意义上的炒菜。由于"神舟七号"航天飞行任务涉及航天员出舱活动，体力消耗更大，因而航天食品种类更加丰富，有八十多种。航天员可以品尝到鱼香肉丝、红烩猪排等中式菜肴，口味也更加多样化，还可以根据自己的喜好添加调味品。"神舟七号"飞船的航天食品具有以下特点。

一是航天食品低产气。因为"神舟七号"航天员要暴露在低压环境中，如果航天食品易产气，可能使航天员腹胀甚至腹痛，同时产气比较多，会增加各个系统的净化负担，影响航天员工作效率，严重的时候可能影响任务的成败。在食品的选择上，比较容易产生气体的豆类和奶类不合适，肉类就比较好。

二是航天食品的能量密度相比以前有较大幅度的提高。这是由于"神舟七号"任务量大、难度高。另外，因为体积、质量的限制，航天食品要在比较小的体积和质量的情况下提供更高的能量。

三是航天食品品种实现了大幅度的增加，航天员可选择性更大了。

四是航天食品的可靠性有了很大的提高。因为食品都在轨道舱里，航天员出舱的时候，轨道舱和外面的真空环境是相通的，这种环境对食品包装的可靠性提出了更高的要求。

链接： 与"神舟六号"相比，"神舟七号"的航天食品增加了近三十种，最主要的是增加了高能压缩食品，另外，增加了相当于鱼香肉丝、红烧猪排、蘑菇鸡块等常规炒菜的产品，同时还新增了水果片，水果片是几种水果冻干以后放在一块制成的，吃一片水果片相当于吃到几种新鲜水果。

中国航天食品加热装置

"神舟七号"航天食品分为六大类：主食、副食、煮沸食品、高能压缩食品、即食食品、调味品，搭配更加个性化，含有各种作料的调味品是"神舟七号"航天食品中的一大亮点；包装更加可靠，都经过了振动冲击和泄复压试验；热食更加可口，食物加热使用舱载主电源，再也不会出现"神舟六号"航天员因使用舱载备用电源热饭而出现"夹生饭"的情况了。"神舟七号"飞船上配备了5天的食物，每人每天的食物约为1.2千克。因为工作紧张，3名航天员需要轮换着吃饭，而加热一次大约需要 30 分钟。

3 不断改进

为了让 2012 年升空的"神舟九号"的航天员尽情享受舌尖上的美味，航天食品中有着充足的炒米饭，还有黑椒牛柳、雪菜肉丝等炒菜，以及酱萝卜等小菜，搭配相当精心，每 4 天一个周期轮换食谱。除了炒米饭（什锦炒饭、咖喱炒饭、冬笋火腿炒饭）、黑椒牛柳、雪菜肉丝，航天员还能吃到蘑菇鸡块、木须肉、松仁玉米、干烧杏鲍菇、豌豆素鸡、红烧牛肉、熏鱼、大虾等。航天食品有荤有素有凉菜，搭配十分精心，也有菠萝汁、浓香奶茶、柠檬茶等颇受女性喜爱的餐后甜点和饮料。

2013 年发射的"神舟十号"飞船上的航天食品与此前相比最大的区别是根据航天员的口味进行了个性化定制。聂海胜喜欢吃米饭，张晓光喜欢酸辣口味，王亚平偏爱甜食，这些偏好在此次任务中都得到了满足。航天食品专家通过改进工艺提高了食品的感官接受性。在"神舟九号"航天食品的基础上，"神舟十号"航天食品增加了豆沙粽、新鲜水果、小米粥、酸奶等。据了解，单从酱料一类看，"神舟十号"的酱料比"神舟九号"多了一款。

"神舟九号"航天员上太空时赶上了端午节，当时是用八宝饭代替粽子在太空中过的端午节。"神舟十号"航天员上太空时又赶上了端午节，这一次他们吃到了航天食品专家精心准备的豆沙粽。太空粽子和地面粽子有所不同，呈现扁平形状，目的是方便贮存和加热。为了让航天员产生在家过节的感觉，细心的航天食品专家还专门为每颗太空粽子包上了一层粽叶。

2016 年上太空的"神舟十一号"飞船上的航天食品进一步丰富，且 5 天一循环，包括主食、副食、即食食品、饮品、调味品、功能食品六大类，近一百种。除了一日三餐，还有许多点心和夜宵，以保证航天员在 30 天驻留期间使用。

随着科技的发展与进步，如今的中国航天食品不仅品类齐全、营养丰富，而且极具中国饮食特色，调味品也是各种口味齐全。

从"神舟十二号"航天飞行乘组开始，由于航天员要在空间站驻留 3 个月或 6 个月，因此航天食品增加到一百二十多种，可以连续至少 5 天不重样，从而满足航天员的"中国胃"。

例如，2021年上太空的"神舟十二号"飞船上的航天食品有藜麦桂花粥、椰蓉面包、酱萝卜、什锦炒饭、尖椒土豆、莜菜牛肉汤、辣味金枪鱼、奶香鸡米、香卤鸡胗、八珍鸡、麻辣鸭、香辣羊肉、萝卜火腿炒面、曲奇饼干、奶酪、麻辣猪肉、香卤鸡胗、五香牛肉干……可以说，菜单长度已经超过地面上的大部分餐馆。

同年上太空的"神舟十三号"飞船上的航天食品的种类更加丰富，但是最让人记忆犹新的，还是春节期间航天员们身着红衣花式吃饺子的名场面。

2022年5月上太空的"天舟四号"货运飞船为"神舟十四号"航天员送去了物资，除鱼香肉丝、宫保鸡丁等太空家常菜外，航天食品专家为他们准备了食品盲盒，航天员完成重大任务或者过生日的时候就能打开食品盲盒，获得惊喜。

此外，为满足航天员长期航天飞行中的饮食需求，空间站内提供了冰箱、微波炉和小桌子等多种太空厨房设备。热风加热装置可在规定时间内将航天食品加热到适合在轨食用的温度；微波加热装置则用于加热非金属包装类的食品和饮用水；饮水分配器除加热日常饮用水外，还能定量分配常温水和热水，滤除水中的银离子，保证航天员健康饮水。

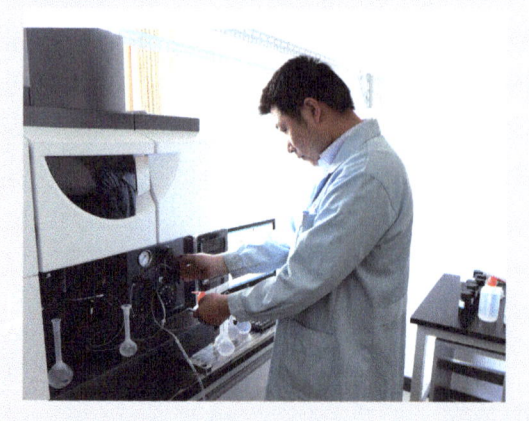

中国航天营养分析师用等离子体原子发射光谱仪开展航天食品微量元素分析

链接：太空是一个无水环境，为此，载人航天器设有专门的供水系统，它用于为航天员提供饮用水和卫生用水,并为环境控制与生命保障系统提供设备用水。另外,在一些任务中,供水系统还要为用于实验的动物、植物提供水。载人航天器供水系统的终端是水分配器,它也是航天食品系统的组成部分,其他饮用水可由袋装水提供。

载人航天器上的饮用水有多种,有的是从地面带上来的水,有的是使用燃料电池生成的水。目前,"天宫"空间站和"国际空间站"使用再生式环境控制与生命保障系统,航天员呼出的水蒸气会通过冷凝水方式回收,排泄的尿液也会被回收净化,它们都会重新成为航天员的饮用水和生活用水,即空间站航天员现在主要饮用和使用再生水,以降低成本。

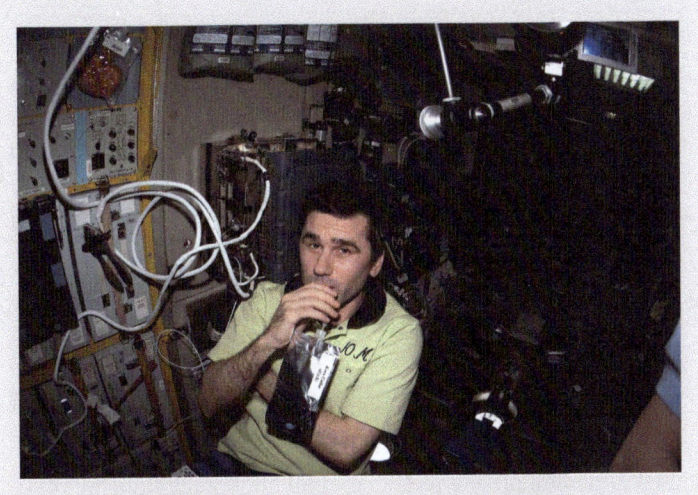

俄罗斯航天员马连琴科在"国际空间站"内喝水

无论饮用水的来源如何,必须达到摄取可靠、水量足够、水质合格3项基本要求。饮用水供给系统要确保航天员能够安全可靠地喝到饮用水,每人每天饮用水供给量为2.5～3.0升。

为了确保航天饮用水的卫生安全,必须对其进行消毒处理。航天饮用水基本上采用化学方法消毒。中国通过动物实验证明了航天饮用水的安全性。随着研究的不断深入和航天飞行时间的延长,未来将在保证卫生、安全的前提下,突出航天饮用水的活性,着力增强其生理功能。

航天员如何在太空中进行大小便？太空马桶与地面马桶有什么区别？

在太空生活中，航天员感到最麻烦的事情就是上厕所，因为航天员大小便使用的太空马桶与地面马桶完全不一样。由于载人航天器内是微重力环境，水不会往下流，因此太空中不能使用抽水马桶，而是使用抽气马桶。抽气马桶是世界上最贵的马桶，有的价值上千万美元，它靠气流将大小便带走。使用这种马桶时，航天员的屁股一定要和马桶的边缘贴紧，使马桶内完全密封。

1. 太空马桶

太空中使用的抽气马桶类似打扫卫生用的吸尘器，但大小便是分开收集的。早期的抽气马桶比较简易，它和1个塑料套相连，大小便后要快速关闭橡皮阀，使大便被气流导入不透气的橡皮口袋里，然后进入特制垃圾箱；尿被导入尿液储箱。早期曾将装满的垃圾箱弹出舱外，但是由于这种方法污染空间环境，因此早已废止。为了使用方便，现代太空抽气马桶和陆地上的男士公用卫生间一样，分大便用和小便用2种。

大便用抽气马桶的中央有1个直径约10厘米的孔，孔内有1个扁平滑片可以来回滑动，使孔打开或关闭。孔的下端装有1台抽气机，打开抽气机后可从马桶中抽气，同时使马桶内的空气发生颤动。空气的颤动又可以使大便中成形的部分碎裂，然后被抽进马桶底部的收集袋中。抽气马桶的右侧有1个银白色的推拉开关，航天员在抽气马桶上坐好后，将开关向前推，中央孔内的滑片打开，抽气机起动，排出的大便和废气被一同抽进大便收集袋中。大便完成后，航天员将银白色的开关向后拉，中央孔关闭，抽气停止。

小便用抽气马桶的前端有1个漏斗状的尿收集适配器，适配器下端连接1根软管，软管的另一端连接1个小的抽气机，可以将小便收集和输送到小便桶中。小便桶装满后（约3～4天），会自动将小便排放到舱外的宇宙空间，或者输送到水处理装置中处理，净化后供航天员使用。虽然大便用抽气马桶不分男女，但是尿收集适配器分男女两用。

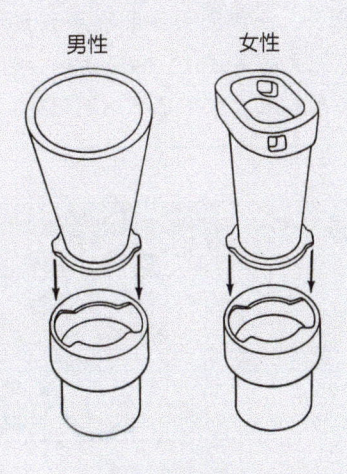

男性　　女性

尿收集适配器

2 必须训练

在太空中大便不是一件容易的事情，航天员必须经过专门的训练，要将肛门对准中央孔把大便拉出来，否则大便可能从马桶中飘出来，在舱内乱飞，成为一场灾难。通过训练，航天员一定要记住自己屁股与太空马桶的相对位置。为了训练航天员大便，美国约翰逊航天中心还专门设计了马桶训练器。马桶训练器内装有一台电视摄像机，当航天员坐在马桶上时，通过电视可以看到肛门是否对准中央孔。

美国航天飞机的航天员在大小便时使用一条束带将人和坐便器固定紧密，用特殊的装置把大小便收集起来。如果坐便器装置发生故障，可以使用备用的大小便收集袋。航天飞机坐便器的大便收集贮存容器内含有衬套、网套，便后打开相关的阀门，可使便桶与宇宙空间相通，对桶内的大便进行真空干燥处理，并通过旋转式叶片压实器定期压实，以降低废物的体积。

链接： 在美国航天飞机第 12 次飞行时，由于航天飞机上卫生间的小便装置出口处结上了冰，堵住了厕所，导致机上的6名（5男1女）航天员几乎陷入困境。经请示地面指挥中心后，他们决定，除1名女性航天员可以继续使用厕所外，其他5人一律使用备用的大小便收集袋进行大小便。这给航天员的生活带来了极大的不方便。他们最担心的是把大小便弄到舱内，因而处处小心翼翼。此事给他们留下了深刻的记忆。

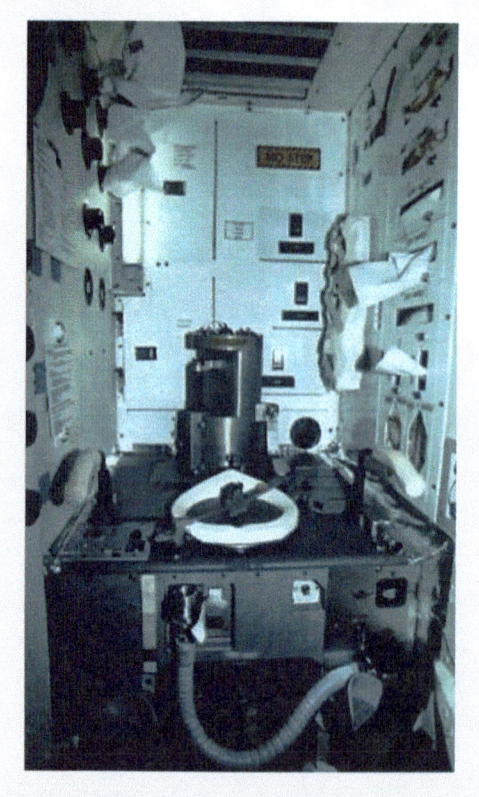

美国航天飞机上的厕所中间为便桶，前面连着灰色管子的是小便器。马桶的一侧有干、湿擦巾，用于航天员飞行期间洗手和洗脸。另一侧墙壁上的黑色凸起物是毛巾挂钩，以不同颜色表示不同的使用者

后来，航天飞机有了新型抽气马桶。这种新型抽气马桶不仅更卫生、更可靠，而且造价低、容量大。新型抽气马桶下方有1个圆筒，在航天员使用厕所前马桶内会自动放置1个装大便的塑料袋。上完厕所后塑料袋自动密封好，并有1个带杠杆的活塞将塑料袋推到圆筒的底部，同时自动换上新的塑料袋，以备下1次使用。当圆筒装满大便袋后，会自动换上新的

圆筒。圆筒上有密封装置，废气不能发散出来，因此更卫生和实用。

2009年7月19日，"国际空间站"上的厕所泵分离器进水出现故障，导致空间站和"奋进号"航天飞机共13名航天员面临"如厕难"问题。为此，"国际空间站"6名航天员暂时使用备用厕所，"奋进号"航天飞机7名机组乘员暂时使用航天飞机上的厕所。

链接： 航天员需要大小便时，只需要将马桶上的塑料软管紧贴到排泄器官上，马桶内的抽气设备将会把航天员的大小便收集到1个固定的容器里。收集小便也许比较简单，但是收集大便就不太容易了。根据美国和俄罗斯航天员的经验，在无重力的环境里，人体内的肠子实际上也在飘浮着，并不能正常工作，许多人从太空马桶上下来时经常喃喃自语："又失败了。"

"国际空间站"上的太空抽气马桶

3 中国制造

中国太空第一人杨利伟在太空中飞行的近一天中，始终没有使用厕所，只携带了"尿不湿"，即航天服里有1个类似"尿不湿"的小便收集装置，该装置通过吸水材料将小便变成絮状的固态物，并且能除臭。

不过，由于"神舟六号"飞船要在太空中飞行5天，因此厕所成为航天员在太空中生活和工作的必备品。"神舟六号"飞船的轨道舱里安装了1个大小便收集器，它吸收了"联盟"飞船废物收集系统的技术经验，采用了半自动废物收集和处理系统。

"神舟"系列飞船的半自动废物收集和处理系统实物图

大小便训练是"神舟六号"航天员训练的一项内容。这个看似简单的训练要经过3个阶段：理论了解、学习设备操作、实际体验。

在"神舟六号"飞船上，航天员使用厕所如同在骑马。该厕所由2个和身体接触的小口容器、1根长管子及1个尿液收集容器、1个垃圾桶和1个抽风装置组成。厕所上与身体接触的2个小口容器的形状与人的体形非常吻合，用来帮助航天员大便和小便。

为了使大小便不易飞出来，大便装置直径约10厘米，小便装置的直径约5厘米。它们的下面安装了1根长管子，通向尿液收集容器。使用时航天员需要用手抓住2个小口容器下面的长管子，并通过对管子用力，使整套装置贴紧身体。

航天员排泄小便之后，尿液将随着管子向下进入尿液收集容器；大便排泄物还留在与航天员身体接触的装置里，里面有特制的大便带，航天员需要用手将其取出，直接扔进垃圾桶。

链接： 飞船中任何没有固定或密封的东西都有可能四处飘浮，因此，航天员在使用厕所前要打开位于整套装置末端的抽风机，这样，整个装置都保持向内抽风的状态，排泄物一旦和人体分离就会立即向下运动，不会因为失重而散落到装置之外。据了解，对于航天员来说，整套如厕装置比较简单，使用起来并不费力，他们只要坐准坐便口使装置内部空间密封就行。

"神舟"系列飞船的航天服内设置了直接接触式小便收集袋和大便收集装置，这些装置可以像短裤那样穿在身上，用于帮助身着航天服的航天员收集大小便。飞船舱内还设置了废物收集软袋，用于收集其他固体废物。

链接：需要注意的是，在太空中放屁也得小心，因为其反作用力可能会把人推走，而且还会污染航天器舱内环境。屁中的氢和甲烷等还是可燃气体，严重时可能引起爆炸，因此，必要的时候最好到厕所里解决。

4 更新换代

2020年10月，美国用"天鹅座"货运飞船把1个叫"通用废物管理系统"的新型太空马桶送往"国际空间站"，以方便航天员们上厕所。其研制始于2014年，耗时6年多，耗资2300万美元，约合1.6亿元人民币，堪称史上最贵马桶。

"国际空间站"新型太空马桶"通用废物管理系统"

新型太空马桶重45千克，高71厘米，相比此前在空间站中使用的马桶，它的体积减小了约 65%、质量降低了约 40%，节省了宝贵的空间站空间，可以集成到不同航天器的生命保障系统中。为了确保大小便不会乱飘，新型太空马桶采用的是 3D 打印的钛合金风扇分离器，可以产生强大的吸力将大小便吸入马桶。

新型太空马桶的尿液回收效率提升了，尿液处理之后可以转变为饮用水的比重增加了。尿液净化功能是通过尿素生物反应器电化学系统来实现的，该系统能将尿液中的尿素有效地转化为氨，然后将氨分解为水和能量。这种将航天员排出的尿液进行过滤净化、循环利用得到的水非常纯净。

与旧太空马桶相比，新型太空马桶还有一个新的特点，即打开马桶盖后会自动启动抽气机，从而控制异味的扩散。同时，它更符合人体工程学设计，钛合金材料大大提升了马桶的耐腐蚀性和耐久性，从而节省了更多的清洁和维护时间，使航天员能够将更多的精力投入到科研和探索任务中。

新型太空马桶的另一个特点是对女性航天员更加友好。女性航天员可以坐在马桶上排便，同时用异形漏斗和软管吸尿，而在旧太空马桶上，女性航天员的大便与小便只能分开进行。

链接： 在太空中进行水的循环利用可以大大节省费用，因为每年向"国际空间站"提供 2200 升饮用水的运输费用高达 2200 万美元，而且空间站储存饮用水的空间有限。此外，如果人类想离开近地轨道，进一步探索星际空间，补给将更加困难。新型太空马桶的设计目标是在人类前往火星之前实现 98% 的液体回收率，所以先运到"国际空间站"上进行试验。

2007 年，美国曾斥资 1900 万美元从俄罗斯订购了 1 个太空马桶，并表示这要比自己研发更划算，但是它却成了许多航天员的噩梦，有时航天员要用手抓住飘在空中的粪便。

目前，"国际空间站"上的 2 个太空马桶都采用气流吸出排泄物，通过旋转扇叶将固体废物打碎在容器中，相比过去已经有很大进步，但是航天员如厕时依旧不容易，因为太空马桶的中央孔只有我们日常使用的马桶的 1/4，要对准中央孔并不容易。因此空间站专门在马桶旁边安装了一个马桶训练器供航天员练习。

太空马桶一旦失灵，带来的不只是卫生问题，甚至会威胁航天员的健康。美国已在空间站厕所中发现对抗生素具有高耐药性的细菌菌株，它们有可能进化成致病细菌，导致航天员患病。俄罗斯航天员帕达尔卡曾向媒体抱怨，他在"国际空间站"工作期间，被告知不得使用美国舱段的卫生间。

> **链接：** 为了设计出更好的太空马桶，2020年6月，美国启动了一项"月球厕所挑战赛"的活动，面向全球征集"月球厕所"的设计方案，用于未来的登月计划。"月球厕所"必须满足多项设计要求，如同时在微重力和月球重力环境下正常运作、兼容男性和女性使用者、可同时排尿和排便等。

目前，最大的困难是航天员在太空行走时如何上厕所。在太空行走时排出的大便与航天员身体接触有可能导致航天员感染甚至得脓毒症。美国国家航空航天局曾举行过"太空大便挑战赛"，以寻求最佳办法，来自"几乎地球上每个国家"的总共1.9万名参赛者组成的150多支队伍提供了5000多种解决方案。据悉，赢得这一比赛的是美国军医卡登，他利用自己在微创手术方面掌握的知识研发了一套系统。他的设计理念是在太空服裆部加一个小气密舱，导管和充气便盆等可以在这里收集大小便。他因此获得了1.5万美元的奖金。

在"火星500"实验的105项实验中有3项是中国负责的，这是中国依据中国载人航天工程发展的实际需要和自身特色精心选择的。这3项实验是：长期密闭环境下人体中医辨证研究、火星任务地面模拟环境对生物节律与氧化应激的影响研究、长期密闭环境对乘组乘员非言语交流的影响研究。

其中的长期密闭环境下人体中医辨证研究是用中医的理论和视角，采取望、闻、问、切的诊断法，研究长期密闭环境下人体生命活动的状态，阐释其特点及变化规律。

> **链接：** 长期密闭环境下人体中医辨证研究这项实验通过中医四诊仪完成望、闻、问、切的工作。中医是中国的传统文化之一，在未来的长期太空飞

行和深空探索中有它的优势，从空间来说四诊仪更容易满足某些要求。另外，中医讲究整体调节，能够帮助航天员获得对人体活动规律的辩证认识。

在漫长的火星任务期间，人的生物节律和氧化应激变化也是各国普遍关注的课题。火星任务地面模拟环境对生物节律与氧化应激的影响研究通过采集志愿者的唾液、尿液和血液等的指标，研究人体的节律变化和氧化应激水平，观察实验过程中人的生物节律和氧化应激的变化。

长期密闭环境对乘组乘员非言语交流的影响研究是世界首次研究长期密闭环境和不同文化背景对乘组乘员非言语交流的影响。这个实验项目就是在舱内不同时间、不同场景进行录像，对这些图像进行分析，观察大家的行为特征有无周期性的变化。其中包括填问卷调查表，要求志愿者回答等。在这么狭小的空间内进行非言语交流研究的机会非常难得，它有望通过不同层面、不同学科背景、不同知识领域来了解和认知人类之间的相互交流。

中国志愿者王跃不仅要参与中国提供的实验项目，还要作为被测试者参与其他国家提供的实验项目。

中国志愿者王跃正在进行脑电图测量

解密航天员工作

航天员在太空中主要干什么工作？中国航天员在"天宫"空间站中完成了什么任务？

很多人通过视频或照片看到，在太空中生活和工作的航天员十分潇洒，他们像在水里游泳一样到处飘来飘去，拿什么东西都"举重若轻"。其实，只有极少数人才能有在太空中生活和工作的机会，而且载人航天器每天的运行成本极高，在地面上还有庞大的支持团队在协助航天员工作，所以航天员在太空中的工作安排得十分饱满而紧张。

1 工作饱满

航天员在太空中的最基本工作是驾驶载人航天器，它是完成航天飞行任务的日常事务和基本保证，因为有些时候载人航天器无法靠自动控制或地面遥控正常飞行，必须依靠航天员手动控制。

1969年7月20日，美国"阿波罗11号"飞船的登月舱载着2名航天员准备在月面着陆时，指令长阿姆斯特朗通过舷窗看到要降落的地方有乱七八糟的乱石后便决定继续飞行，避开乱石嶙峋的危险区域，寻找平坦的着陆点。最后，奥尔德林手动控制登月舱在月面静海的一个角落平稳降落，登月获得成功。如果"阿波罗11号"不是有人驾驶的飞船，而是一个无人月球着陆器，那么它很可能就坠毁了，这充分表明了载人航天的优越性。

链接：载人航天器大型化和复杂化的发展趋势日益增加了载人航天器的管理难度，这就需要航天员更多地发挥航天飞行"当家人"的主体作用。如今，航天员每次航天飞行都要根据任务的要求在太空中操纵和管理载人航天器，完成大量的空间科学研究、航天技术试验等任务，以便获得新的数据、新的知识和新的认知。

"和平号"空间站航天员进行舱外活动，修复被损坏的光谱舱太阳能电池翼

当然，航天员的一项重要工作是对载人航天器进行组装、维护、维修。美国"天空实验室"空间站、苏联"礼炮"系列空间站、苏联/俄罗斯"和平号"空间站曾多次出现故障，后来都是通过航天员的手动操作才转危为安的。

航天员在太空中的一项比较危险的工作就是出舱维修载人航天器。例如，2005年8月3日，"发现号"航天飞机的任务专家罗宾逊完成了一次史无前例的太空行走：他站在空间站17.4米长的机械臂末端到达航天飞机的腹部，成功对航天飞机进行了一次非常重要而十分危险的"外科手术"。此举不仅使航天飞机转危为安，还创造了一项新的奇迹，因为此前航天员们从未尝试过在太空飞行中对航天飞机的防热系统进行修复，而且航天员们也从没有在航天飞机的腹部进行过太空行走。另外，这一任务是临时加上去的，航天员事先没有在地面进行过这种训练。基于这些原因，人们格外关注此次太空行走，因为此举搞不好会碰坏航天飞机，产生非常严重的后果。美国第一位6次上太空的航天员约翰·杨说："航天飞机上的任何东西都有可能因为你的尝试而变得更糟。"

2 有惊无险

2005年7月31日，美国国家航空航天局的工程师们在分析航天员对首次复飞的"发现号"航天飞机进行全身摄像和激光扫描后获得的图像后发现，机腹下部靠近机头的位置有2个像"肿瘤"一样的凸起物分别伸出了1.5厘米和2.5厘米。它们成为很大的不确定因素，因为谁也无法在这样的高度和速度下很好地完成对这2个凸起物的气动分析，如果不解决这个问题，专家们不知道"发现号"在重返大气层时会面临什么样的后果，热量有可能增加10%到30%，很可能因机腹温度过高酿成另一起类似"哥伦比亚号"航天飞机失事的灾难。

经过一番激烈的争论，美国国家航空航天局决定：2005年8月3日让航天员铤而走险，到航天飞机腹部进行修理。之所以说是铤而走险，是因为航天飞机腹部被视为无人区，以前没有人去过，那里没有任何可以扶的地方，而且也不能扶任何地方，所以在这里进行太空行走不知道会发生什么事情。有专家认为，航天员一不小心可能会对航天飞机"娇嫩"的防热瓦造成更大破坏。

这项光荣而艰巨的任务最后决定由航天员罗宾逊去完成，因为他是太空行走的高手，在这次上太空前他已多次进入太空，很有经验。另外，罗宾逊热衷冒险，智商极高。

链接： 太空行走次数最多的是苏联/俄罗斯航天员索洛维耶夫，他先后16次出舱，也是因为他经验丰富、技术高超，"年老体衰"的"和平号"空间站一坏，就派他出去维修。

其实，罗宾逊的整个维修过程如果在地面上实施，会很简单，即他只需要带上镊子、剪子和锯子，由机械臂将他"举"到航天飞机腹部进行维修即可。首先，罗宾逊会试着用手直接把凸起物拔掉；如果不成功，他会用镊子将凸起物夹住，用小锯子将它锯断；如果还不行，就用剪子将凸起物剪掉。

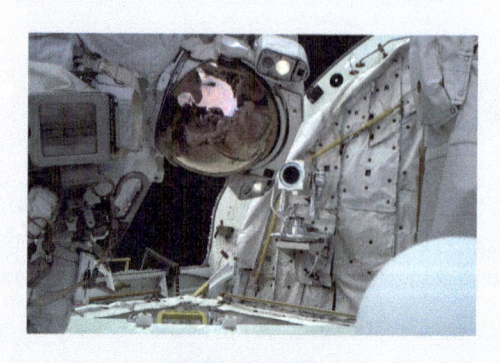

罗宾逊在舱外作业

但是，罗宾逊在太空中到航天飞机腹部去维修就完全不同了，因为他要在距离航天飞机外围防热瓦只有约 30 厘米的地方进行高空作业，而防热瓦是航天飞机机身上非常精细的关键性设施，虽然防热性能很好，但是易碎，航天员一般不能靠近它，所以必须十分谨慎。另外，由于航天员在舱外工作时身穿加压的舱外航天服，所戴的手套也是加压的，因此整体体积增加了 30%，这也增加了太空维修的难度。尤其是罗宾逊必须时刻注意自己所戴的硬式头盔，这是最容易与航天飞机防热瓦发生碰撞的部位。如果他在维修时注意力太集中，使头盔撞到防热瓦，把防热瓦撞坏了可就麻烦大了。另外，罗宾逊手中的工具一旦滑落，砸到防热瓦也很危险。不过，实际上罗宾逊出舱维修的整个过程很顺利。

罗宾逊出舱后把工具包挂在航天服外，工具包里只有修复工作所需的最基本的工具。很快，罗宾逊就成功地去掉了第一处凸起物，整个过程简单得出人意料，他用几秒钟就拔掉了这个凸起物。接着，他又成功地清除了第二处凸起物。他的太空维修工作干得干净利索，只用 10 分钟左右的时间就成功地将"发现号"航天飞机腹部的 2 块不规则凸起物除掉了，比预计提前了 50 分钟，并且未对航天飞机腹部防热瓦造成损坏。

3 月面作业

美国 12 名航天员曾先后 6 次登月，完成了大量科研工作。

1969 年 7 月 20 日，"阿波罗 11 号"航天员阿姆斯特朗和奥尔德林登月。在登月期间，他们展开了太阳能电池阵，在月面安装了月震测量仪和激光反射器，采集了约 22 千克的月面岩石与土壤标本。

1969 年 11 月 19 日，"阿波罗 12 号"航天员康拉德和比恩登月。在登月期间，他们采集了约 34 千克的月面岩石与土壤标本，在月面安放并启动了第一台"阿波罗月面实验装置"（该装置由核动力电池组驱动，带有 6 个科学实验项目），并回收了"阿波罗 11 号"航天员安放在月面的探测器上的电视摄像机与其他设备，以供科研人员了解长期暴露于太阳风环境及月面真空环境下的剧烈温度变化对这些仪器、设备的影响。

1971 年 2 月 5 日，"阿波罗 14 号"航天员谢波德和米切尔登月。在登月期间，他们采集了约 42 千克的月球样本，并在月面安放了"阿波罗月面实验装置"和一个激光反射器。在"阿波罗"飞船飞行的过程中，航天员首次进行了材料科学演示试验，在地球转移轨道上对一些熔融状态合金固化过程的观测证明，在微重力条件下，不同密度的材料仍保持其合成时的原状态，而不像地面条件下那样因重力作用而出现密度较大材料的沉积。航天员还首次进行了区带电泳试验，证明了在微重力条件下进行电泳的通过量和分离效率远高于地面条件。

1971年7月30日，"阿波罗15号"航天员斯科特、欧文登月。在登月期间，他们采集了约77千克的月球样本，并首次使用了月球车，在月面上行进12千米后，安置好"阿波罗月面实验装置"和一个激光反射器，目的是使天文学家通过精确记录从地球上发射的激光束往返地月的时间，来精细测定地月之间的距离。测量数据有可能揭示月球是否正在远离地球。

链接： 在完成登月任务后，"阿波罗15号"航天飞行乘组从飞船上将一颗用于观测月球质量、密度等现象的科研卫星送入月球轨道。在进入月球轨道前及在月球轨道上，航天员还使用装在服务舱内的测绘全景相机和光谱仪等仪器进行了8项科学实验，主要包括月面测绘与全景拍摄、月面光谱分析、太阳X射线相互作用、粒子发射等。

1972年4月21日，"阿波罗16号"航天员约翰·杨和杜克登月，他们在月面进行了3次出舱活动，共计20小时14分14秒，行进了约27千米，采集了约96千克的月球样本。在登月点附近，2名航天员在三脚架上架起了一架天文观测紫外相机，借助钻机挖取月面深处的岩石样品，试图安装测量月球内部热流的探测器（但因偶然情况损坏了它），并安置了无源和有源的月震仪。磁强计试验收集了他们所处区域的资料，该区域可能存在一个古磁场。在完成登月任务后，航天飞行乘组人员从飞船上将一颗科研卫星送入月球轨道。

1972年12月11日，"阿波罗17号"航天员埃文斯、施密特登月。在登月期间，他们驾驶月球车行进了35千米，并创造了采集月球样本约111千克的最高纪录，还发现了橘红色的泥土。其中的航天员施密特是"阿波罗"计划中唯一一位执行登月任务的科学家，在原计划中，施密特应执行"阿波罗18号"任务，但是在"阿波罗18号"任务被取消后，受到来自科学界的压力，施密特被选择执行"阿波罗17号"任务，取代了恩格。"阿波罗17号"创造了"阿波罗"计划中的很多纪录，包括最长周期的登月飞行，最长的月表行走时间，收集了最多的月球样本，在月球轨道上航行了最长的时间等。该任务把最完整的一套科学仪器留在了月球表面。

"阿波罗17号"航天员兼科学家施密特在月面收集月球样本

4 多项工作

　　航天员可以在太空中进行各种类型的关键工作，能大大提高人-航天器系统的效率。通过人工控制与自动化控制的最佳结合，航天员可以按照预先在地面上设计好的工作程序完成一项项细致入微而又举足轻重的工作。由于载人航天器的种类和型号不同，因此航天员在太空中完成的工作也不同。但是总的来讲，工作是越来越多，越来越复杂。

　　"国际空间站"上航天员的主要工作是搬运航天飞机和货运飞船运来的仪器等货物，并将它们安置在相关舱室的相应位置；安装和调试空间站上的现有设备和陆续到达的新设备，将对接在一起的空间站各个舱段的计算机连成统一的计算机系统，并对这些设备和系统进行测试；完成涉及医学、生物学和工艺技术等方面的几十项科研项目；进行出舱活动，完成某些组装工作及"国际空间站"各部分之间电力和通信线路的连接工作等。

　　航天飞机航天员的主要工作一是进行控制航天飞机的常规操作，维修航天飞机生活舱或工作舱内的仪器、仪表系统，定期向地面通报航天飞机的运行状况和自身的身体状况等，从而保证航天飞机的正常运行；二是组装

"国际空间站",他们首先搭乘航天飞机把"国际空间站"部件送上太空,然后通过太空行走等方式将它们组装起来;三是开展空间科学实验,即利用太空特殊环境进行医学与生物学研究、生物工程、空间技术、材料科学、地球物理学及对地观测等,由于这些实验比较复杂,因此需要由不同国家的多位航天员共同完成;四是释放、回收和维修卫星,航天飞机航天员已5次在轨维修"哈勃太空望远镜"。

航天飞机机载欧洲空间实验室内景,航天员正在紧张工作

链接: 中国"长征三号"火箭发射的"亚洲一号"通信卫星原本是美国"发现"号航天飞机在太空中回收的、没有进入预定轨道的印尼"西联星",航天飞机航天员回收"西联星"到航天飞机货舱内,最后运回地面。美国卫星厂商对该卫星进行了检测、维修,最终卖给了亚洲卫星公司。

5 中国亮点

中国航天员曾在"神舟"系列载人飞船、"天宫一号"目标飞行器及

"天宫二号"空间实验室上完成了大量科学实验、技术试验等工作，取得了许多重要成果。中国航天员将在新建造的"天宫"空间站上再创辉煌。

2021年6月17日进入太空的"神舟十二号"航天飞行乘组在"天宫"空间站核心舱完成了4项工作：一是开展了核心舱组合体的日常管理，包括"天和"核心舱在轨测试、再生生命保障系统验证、机械臂测试与操作训练，以及物资与废弃物管理等；二是开展了2次出舱活动及舱外作业，包括舱外航天服在轨转移、组装、测试，开展舱外工具箱的组装、全景摄像机抬升和扩展泵组的安装等工作；三是开展了空间科学实验和技术试验，包括空间应用任务实验设备的组装和测试，按程序开展了空间应用、航天医学领域等的实（试）验，进行了有关科普教育活动；四是进行了航天员自身的健康管理，按计划开展了日常的生活照料、身体锻炼，定期监测、维持与评估自身健康状态。

2021年10月16日进入太空的"神舟十三号"航天飞行乘组先后进行了2次出舱活动，开展了手控遥操作交会对接、机械臂辅助舱段转位等多项科学技术实（试）验，验证了航天员长期驻留保障、再生生命保障、空间物资补给、出舱活动、舱外操作、在轨维修等关键技术。利用任务间隙，航天员还进行了2次"天宫课堂"太空授课，以及一系列别具特色的科普教育和文化传播活动。

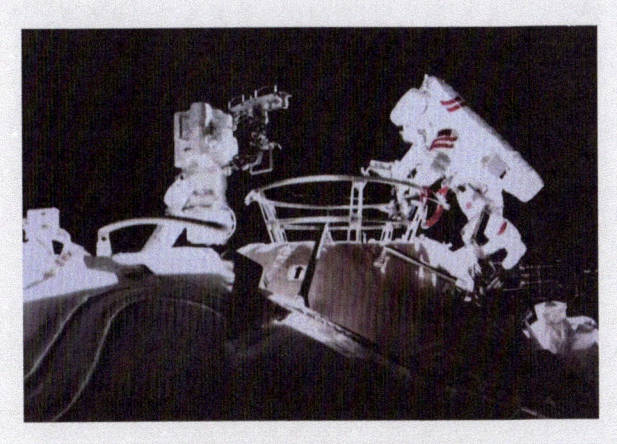

中国航天员在空间站舱外太空行走实景

2022年6月5日进入太空的"神舟十四号"航天飞行乘组配合地面飞控中心完成了2个实验舱与核心舱的交会对接和转位；首次进驻"问天"实验舱和"梦天"实验舱，建立了多舱载人环境；配合地面飞控中心开展两舱组合体、三舱组合体、大小机械臂、气闸舱出舱等相关功能的测试工作;首次利用位于"问天"实验舱的气闸舱实施了2次出舱活动;完成了2个实验舱10多个科学实验柜解锁、安装;继续开展了"天宫课堂"太空授课及其他公益活动。除此之外,"神舟十四号"航天飞行乘组还开展了在轨健康监测与检查、防护锻炼、在轨训练与演练,以及大量空间站平台巡检测试、设备维护、维修验证、物资管理和站务管理等工作。

中国航天员还在"天宫"空间站上进行了一系列科学实验,取得了一批重要研究成果。

为什么航天员常看飞行手册?航天员在空间交会对接过程中干什么?

航天员进入太空后,载人航天器内的微重力环境会对人体的生理产生明显的影响,使航天员出现一系列生理反应,降低人的工作效率。刚开始时,有些航天员会产生空间定向错觉、头晕、恶心、呕吐等航天运动病症状;随着时间的增加,部分航天员会出现面部负重、肌肉萎缩、骨丢失、身体增高、肌肉酸痛、敏感性下降等现象,操作能力会受到影响。航天员在太空中工作并非易事。

1 两类任务

一方面,载人空间站内的微重力环境给航天员的所有运动和操作带来了很大困难;另一方面,如果航天员能控制好身体的动作,也是可以提高工作效率的,这需要航天员在地面进行科学的训练,包括吃饭、穿衣、行走和操作等。

航天员管理和操作载人航天器大大提高了载人航天的安全性与完成任务的成功率。航天员主要完成两类任务,一是监视与控制正常飞行的载人航天器,完成预定的空间科学实验计划,其中载荷专家不仅仅是实验的操作者,也是主要的被试者,他们在任务专家的协助下,利用自己或同伴的身体进行实验；二是判断和处理出现故障的载人航天器，最终保证航天飞行任务的完成。

在地面发射基地，航天员进入载人航天器后，要检查航天服与载人航天器的接口连接情况和服装通风情况、天地话音通信链路工作情况、舱内设备初始状态等。一切正常后就能发射了。入轨后，航天员要随时监视载人航天器的情况，按要求发送控制指令，向地面飞控中心报告自身和载人航天器状态，并记录在工作日志上。载人航天器变轨时航天员应保持不动。

在航天飞行过程中，航天员要根据自身感受调整舱内的温度、湿度、压力等。当舱内二氧化碳浓度超标时，航天员要更换新的气体净化装置。航天员应经常关注舱内参数的变化，必要时根据故障处置手册的指示实施控制。在载人航天器返回前，航天员要整理舱内物品、设置载人航天器的状态、检查航天服等。返回时，航天员也要时刻关注载人航天器的工作情况，以保证安全着陆。

如果载人航天器出现故障，航天员就要完成更多、更精细的操作，包括及时将仪表显示的内容报告给地面飞控中心，配合地面飞控中心排除故障。有的故障可以由地面飞控中心通过遥控指令排除，地面遥控无法排除的故障由航天员操作相关手控指令解决。

链接： 载人航天器故障可分为影响飞行计划和不影响飞行计划2类。在飞行过程中，航天员需要根据故障出现的时间和严重程度采取不同的措施。如果遇到着火、航天员生病等情况，需要航天员提前返回，航天员就要启动应急飞行模式，及时完成相应的返回准备工作，选择好返回落区，自主应急返回地面。

2 飞行手册

在很多载人航天飞行过程中，观众们通过电视直播看到航天员经常阅读飞行手册。那么，飞行手册里的内容是什么？飞行手册是航天员航天飞行时工作和生活安排的日程表及操作指南，包括航天员什么时间对飞船进行哪些操作，什么时间与地面飞控中心通话联系，什么时间做指定的空间科学实验，什么时间吃饭和睡觉等，以提高工作效率。

航天员除了要根据飞行手册的内容完成事先安排的工作，如果在飞行过程中出现载人航天器故障，还要根据飞行手册的要求进行识别和处理，从而高质量地完成航天飞行任务。因此，飞行手册对于指导航天员进行各种正常及应急飞行程序的操作，完成预定的航天飞行任务，保证飞行安全具有重要价值。

飞行手册也是航天员进行地面训练的重要教材和训练期航天员选拔的重要内容。提高对飞行手册内容的学习考核标准，可以评估航天员的学习能力、理解能力及对专业知识的掌握情况。

日本女性航天员山崎直子在轨展示飞行手册

在执行载人航天飞行任务时，航天员通过飞行手册执行各项任务，地面飞控中心通过天地协同程序与载人航天器、航天员进行天地协同，天地协同一致才能避免不可预料的风险，所以飞行手册还是天地协同、配合工作的依据。

链接： 飞行手册通常有两大类，一类是航天员需要完成的一般性操作内容的飞行手册，另一类是航天员需要完成的交会对接、太空行走等专项任务的飞行手册。在这两大类飞行手册中，通常会按正常操作、故障处理、设备操作指南等方面对飞行手册做出进一步划分。例如，当航天员需要手动控制载人航天器（如飞船）飞行时，可参阅飞船手动运动控制操作手册；当航天员遗忘各项操作的具体方法时，可参阅航天员操作指南。

飞行手册中还有整个航天飞行任务中航天员的飞行及操作程序、操作内容及方法等，包括航天员、发射场、着陆场、载人航天器、测控通信、空间应用等各大系统对航天员的操作要求。

当然，飞行手册中涉及的飞行程序要事先在地面进行反复验证，包括进行"人—船"联合测试、"人—船—地"联合测试、"人—船—箭—

地"联合测试等。通过各种严格的测试和验证，可以保证航天员操作程序的正确性和准确性。

"神舟五号"航天员杨利伟对照飞行手册检查工作项目

3 空间交会对接

空间交会对接技术是指，2个或多个航天器在太空轨道上会合并在结构上对接成一个整体的技术。该技术有三大主要用途：一是为长期运行的空间设施提供人员运输和物资补给服务；二是在轨组装大型航天器结构；三是进行航天器重构以实现系统优化。即使在无人航天器之间，空间交会对接技术也有广泛的用途，例如，可用于对在轨卫星进行加注和维修，还能用于回收废旧卫星等。

中国已通过"天宫一号"目标飞行器和先后到访的"神舟八号""神舟九号""神舟十号"飞船交会对接全面掌握了空间交会对接技术。

航天器进行对接之前要先交会，即相互接近，交会是2个或多个航天器相互接近的过程。具体地说，就是2个或多个航天器通过轨道参数的协调，在同一时间到达空间同一位置的过程。交会之后就是对接，即2个航天器调整各自的位置，逐步接近，最终启动对接机构实现对接，在机械上联成一体，形成更大的航天器组合体。

在空间交会对接的2个航天器中，一个称为目标飞行器，一般是空间站或其他的大型航天器，是准备对接的目标，交会对接时保持稳定状态；

另一个称为追踪飞行器，一般是地面发射的宇宙飞船、航天飞机等，空间交会对接时追踪飞行器要通过变轨来追赶目标飞行器，实现两者的交会对接。

航天器之间进行空间交会对接主要有2种控制方法，一种是手动控制、另一种是自动控制。手动控制是航天员在轨道上对追踪飞行器的姿态和轨道进行观察和判断，然后手动操作，使2个航天器完成空间交会对接。

手动控制的优点是，航天员能及时发现和解决空间交会对接过程中出现的问题，应对一些复杂的意外情况，检查与维修空间交会对接系统故障，提高空间交会对接的成功率，具有系统简单、可靠的特点；其缺点是，航天员要消耗更多的体力和精力。

自动控制的优点是，对接效率高，能规避人员操作失误的风险，一般不需要考虑人员的安全和救生问题。其缺点是，自动控制系统更复杂，有时候会出现故障。

美国航天飞机在远离目标飞行器时采用自动控制，在接近目标飞行器时采用手动控制。俄罗斯宇宙飞船全程采用自动控制，只有在自动控制系统失灵时改用手动控制。在载人航天交会对接技术应用上，美国主要采用手动控制，苏联/俄罗斯主要采用自动控制。

链接： 由于载人航天器的可靠性越来越高，因此目前空间交会对接的发展趋势是，以自动控制为主，在出现故障时再改为手动控制。航天员在航天器空间交会对接期间要严密监控有关设备的工作情况，一旦发现故障需要改为手动控制时，及时进行切换和操作。

美国航天员手动控制航天飞机与"国际空间站"对接

航天员在太空中主要做什么科学实验？中国航天员在太空中取得了哪些科研成就？

经过多年的奋斗，中国于 2022 年建成了第一座空间站"天宫"空间站，实现了载人航天工程"三步走"发展战略第三步的任务目标。在中国载人航天界流行着一句话："造船为建站，建站为应用"，即建造空间站的最终目的就是开展空间应用活动，包括进行航天医学实验、空间科学研究与应用、航天技术试验等。

1. 得天独厚

在太空中，有许多宝贵资源，它既有强辐射、高真空、深低温、超洁净、极安静、太阳能和地外星球矿藏等自然资源，也有利用航天器的飞行派生出来的高远位置和微重力环境等派生资源。自从航天器问世后，专家们首先想到的就是利用太空高远位置进行通信、遥感和导航等。

美籍华裔航天员爱德华·卢杰演示失重环境下水滴的形状，卢杰和水滴的镜像同时出现在照片中

链接： 微重力环境是指，航天器在太空轨道上做惯性运动时，地球对它的引力正好被它的惯性力抵消，从而产生地面难以长时间模拟的特殊环境。在微重力环境中会出现很多奇特现象。例如，气体和液体中的对流现象与浮力消失，不同密度引起的组分分离和沉浮现象及流体的静压力也消失，液体仅由表面张力约束，润湿和毛细现象加剧，等等。微重力环境本身就是一种极端的物理条件，能导致物质发生一系列不可捉摸的物理特性变化，人类可以在该环境下进行许多地面上难以进行的科学实验，生产地面上难以生产的特殊材料和工业产品等。

由于无浮力，液体相比地面更容易悬浮，因此在太空中冶炼金属时可以不使用容器，即可以悬浮冶炼，可使冶炼温度不受容器耐温能力的限制，进行极高熔点金属的冶炼，并能避免容器壁的污染和非均匀成核结晶现象，改善合金的晶相组织，提高金属的强度。

现在，各种生物包括人类的生存和进化一直是在重力环境下实现的，而微重力环境对生物及其各层次的影响十分显著，会使各种生物的生命过程和生命现象出现不同层次上的多种变化。所以，在载人航天器上研究空间生命科学有助于揭示生命科学中不可能在地面环境下获知的一些本质特征，并有可能掌握高效生物制品的空间生物工程方法。

由于微重力环境消除了所有由引力引起的不利因素，使被地面重力效应掩盖的一些次级效应凸显，导致流体形态和物理（化学）过程等发生显著变化，影响或改变流动和燃烧机制，因此它会对一些基础物理的实验条件产生重要影响，人类能以更高的指标和精度开展实验，对重要的基础物理理论进行验证。

在太空中研究包括流体物理科学、燃烧科学和基础物理等在内的微重力科学，可揭示被重力效应掩盖的现象和实质，为人类深入认识流体、燃烧和物质的本质提供依据，从而改善地面上与人类生活密不可分的流体、燃烧过程和物质特性。在太空中研究燃烧科学，能增进人类对燃烧基本原理受重力影响的了解，从而增进人类对在地面上燃烧的认知，这有助于提高燃烧效率，解决污染、大气变化、全球变暖、火灾等问题。由于人类社会主要依靠燃烧获得能量和动力，所以提高燃烧效率对人类社会的影响是巨大的。

链接： 由于微重力环境的资源开发比较复杂，因此很多科学实验是在有人照料的载人航天器内进行的，最好是在体积大、功能全、寿命长、长期有人照料的空间站内进行。

2. 科学实验与技术试验

人类可以在载人航天器上进行许多地面难以实施的科学实验与技术试验，在航天医学、生物工程、流体物理学、燃烧科学和材料科学等众多领域取得了丰富的在地表难以获取的研究成果。

在航天医学方面，航天员常将自己作为研究对象，开展航天医学研究，以揭示太空环境对重要生命现象及生命过程的作用与影响，以增进人类对生命起源、生命现象和本质及生命活动基本规律的认知，为发展地基生物技术提供理论依据，并为改善人类长期居留太空的生活质量提供依据。俄罗斯医学生物问题研究所前副所长波利亚科夫博士在"和平号"空间站上创造了连续居留 437 天零 18 小时的世界纪录，目的就是研究长期在太空生活和工作对人的生理与心理有哪些影响，以便为今后载人登陆火星做准备。美国曾安排一对双胞胎分别在"国际空间站"上和地面上进行了为期 1 年的对比实验，以研究他们的差异。

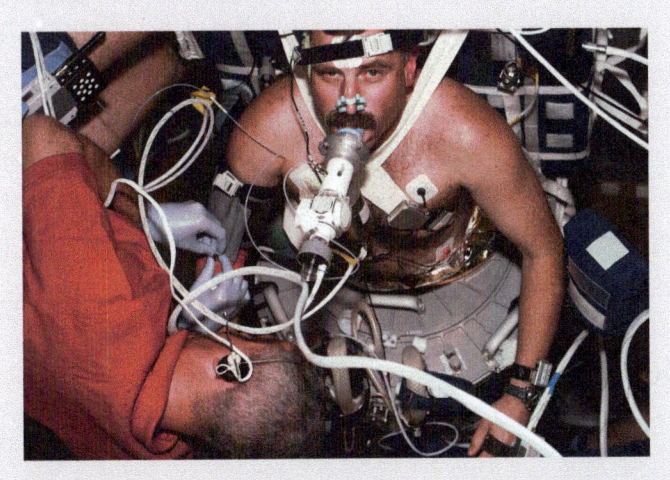

航天员在航天飞机上进行下半身负压装置试验，另一名航天员在收集试验数据

在生物工程方面，在地面上，由于重力的作用，在蛋白质溶液中，物质的密度会形成对流，这种对流在蛋白质结晶过程中产生漩涡，改变了蛋白质分子结晶的方位，造成晶格杂乱，无法获得足够高品质和足够大的蛋白质结晶。但是在载人航天器内的微重力环境下，因为几乎没有沉淀和对流，所以能够生产出足够大的高品质的蛋白质晶体，为人类深入研究蛋白质结构及其功能创造了良好的条件。

在流体物理科学方面，目前科学家无法在地面环境中确定重力对流体行为究竟构成什么影响，无法排除重力效应而探究流体流动的行为本质。但是在微重力环境中，几乎没有了浮力引起的对流，因此科学家可以观察表面张力、磁力和电子力对大量液体流动的影响。例如，能更好地了解对雾剂、烟、油漆、凝胶和泡沫等综合流体性质构成影响的作用力；研究微重力环境中液体和气体的混合流动影响，有助于解决地面上石油和天然气输送管道的传输问题等。

在燃烧科学方面，人类社会主要依靠燃烧获得能量和动力，但是人类至今仍然缺乏完整的燃烧过程理论。开展微重力环境下的燃烧进程研究，可增进人类对燃烧基本原理受重力影响的了解。在地面上，燃烧时产生的热气受浮力的驱动而上升，并把没有燃烧的燃料、氧化剂和燃烧产物的混合物带走了。但是在微重力条件下，可以排除浮力引起的对流和沉淀引起的分层，使燃料平静、均匀地混合在一起，这样科学家就能对燃烧过程进行详细观测，仔细研究被重力掩盖的真实燃烧现象。

在材料科学方面，地面重力对材料的结晶及其完美程度有较大影响。但是在微重力环境中，材料晶体可在蒸气介质中于悬浮状态下生长，因而晶体个体大、位错密度小、无应力、纯度高；混合物可以均匀地混合，因而能制成地面上不能制造的特种合金，也能制成一种新的轻得像软木塞似的泡沫钢，用它做机翼又轻又结实；能使熔化了的金属的液滴形状呈绝对球形，冷却后成为理想的滚珠，非常耐磨损。航天员已经在太空中进行了锑化铟圆柱体熔化凝固实验，生成了非常均匀的晶体；在太空中生成的硒化锗晶体，其尺寸超过地球上生成的晶体10倍。地面上难以制成很长的玻璃纤维，这是因为液态的玻璃丝还未凝固，就会由于重力的作用被拉成小段，但是在太空中能制造出几百米长的玻璃纤维。

在空间站实验舱中，航天员操作沸石晶体生长装置

链接： 在空间天文与天体物理学方面，航天员可以灵活地操作太空望远镜，选择观测重点，扩大观测范围，并具有边观测边分析的优势，也可以快速而准确地对准新发现的目标，因此能提高太空望远镜的效率与效果，获取大量有价值的资料。例如，在美国"天空实验室"空间站，航天员使用太阳望远镜观测太阳，拍摄了18万张太阳活动的照片，用7种仪器研究了太阳系和银河系的情况，录制了超过30千米长的录像带。

3 温故知新

在发射空间站之前，中国已在多艘"神舟"系列飞船、"天舟一号"货运飞船、"天宫一号"目标飞行器和"天宫二号"空间实验室上取得了大量空间研究与应用成就。

在"神舟"系列飞船上，我国航天员使用中分辨率成像光谱仪、多模态微波遥感器开展对地观测；使用多工位晶体生长炉、空间晶体生长观察装置开展空间材料科学研究；使用空间蛋白质结晶装置、空间细胞生物反应器、空间细胞电融合仪、通用生物培养箱开展空间生命科学的研究。

中国在"神舟七号"的舱外布置了许多种固体润滑材料和太阳能电池基底薄膜材料,进行暴露试验。试验完毕后,航天员翟志刚出舱回收了这些试验样品,并将其带回地面,科学家对其进行了研究。

中国还在"神舟"系列飞船上进行过宇宙γ射线暴的探测,并兼顾了太阳耀斑高能辐射的监测,实现了中国首次对γ射线暴和太阳活动峰年期间太阳耀斑的空间探测;开展了空间环境探测和预报研究,通过监视空间环境的变化为航天员的辐射防护设计提供了依据,为空间环境预报和警报提供了实时监测数据。

2011年发射的"天宫一号"目标飞行器开展了3项空间应用型研究。一是用装载的高分辨率超光谱成像仪对大气污染、农作物中重金属的含量、国家的油气资源等进行了探测。二是进行了复合胶体晶体生长等实验,研究了胶体晶体的结晶动力学与生长优化条件,为新材料制备和应用提供了实验数据。三是用带电粒子辐射探测器、轨道大气环境探测器、电离层扰动探测器等设备开展了空间环境和物理探测试验。

中国首位女性航天员刘洋在"天宫一号"上完成了15项航天医学实验,其中向公众介绍的有5项:研究飞行对心血管的影响、微重力环境下细胞的调节作用、空间骨丢失的防护、采集并分析舱内有害气体、在轨测量人体质量。

刘洋在"天宫一号"上做航天医学实验

2016年发射的"天宫二号"空间实验室上搭载了14项应用型研究载荷,以及失重心血管研究等航天医学实验设备,开展了60余项实验和试验任务。

在空间基础物理学研究方面,"天宫二号"装载了世界第一台空间冷原子钟,实现了10^{-16}秒量级的超高精度,将目前人类在太空中的时间计量精度提高了 1～2 个数量级，它约 3000 万年才会产生 1 秒的误差。这对卫星定位导航、引力波探测等研究具有重大意义。

链接：在空间天文观测研究方面，"天宫二号"上的"天极"γ 射线暴偏振探测仪探测研究了遥远宇宙中突然发生的 γ 射线暴现象和太阳耀斑，并在国际上首次对 γ 射线暴的偏振性质实现了高精度、高灵敏度和系统性的测量，深入研究了宇宙结构、恒星演化、黑洞形成及 γ 射线暴爆发的物理机制，为更好地理解极端天体物理环境下产生的这种宇宙中最剧烈的爆发现象做出了重要贡献，填补了当前在 γ 射线暴观测中缺少高灵敏度偏振探测手段的空白。

在微重力流体物理科学和空间材料科学方面，"天宫二号"开展了包括半导体光电子晶体材料、纳米复合和新型金属基复合材料等在内的 12 项材料的生长与制备实验，揭示了在地面重力环境下难以掌握的材料物理化学过程的规律。

在空间生命科学研究方面，"天宫二号"进行了拟南芥和水稻的培养实验，分别提供长日照和短日照的培养条件，这也是国际上首次在同一空间培养箱中同时实现长日照与短日照植物的培养与实时观察。以往的太空植物培养实验周期都不超过 20 天，只能进行幼苗阶段的实验。在"天宫二号"上，首次完成了"从种子到种子"全过程的空间植物长周期培养实验，首次在空间获得了拟南芥开花基因启动子控制的绿色荧光蛋白实时图像，为未来建立以植物为基础的空间生命生态系统，控制植物的开花，提高系统的生产效率提供了依据。

在对地观测和空间地球科学方面，"天宫二号"搭载的三维成像微波高度计是国际上第一次实现宽刈幅海面高度测量并能进行三维成像的微波高度计。

4 应用前景

2022 年，中国建成了由 3 个舱段组成的"天宫"空间站，能长期开展有人照料的科研、生产和在轨服务等。它在微重力环境、轨道位置、辐射环境、舱外极端环境等方面，都为航天员在空间站开展空间应用提供了很好的条件。例如，空间站可提供长时间的微重力环境，微重力水平为$10^{-3} \sim 10^{-4}g$。"天宫"空间站运行于倾角41°～42°、轨道高度340～450千米的近圆低地球轨道，其轨道处于地球电离层的F2层，空气十分稀薄，适于开展巡天类空间天文观测和特定空间物理研究，可实现对同一地区可见光照条件下的高分辨率观测。

链接： 空间站在体积、寿命和功能等方面都比载人飞船和空间实验室优越。它可提供独特的空间环境、10年以上的连续运行、天地往返运输支持和航天员参与等条件，为人类系统地开展航天医学研究、空间材料科学研究、重要的天文观测等提供有利的条件。中国利用空间站支持能力、辐射环境和微重力环境、航天员较长期在轨驻留、天地往返等有利条件，在轨完成不同学科方向、研究主题的数百项科学研究与应用项目。

"天宫"空间站的3个舱段内最多可以布设25台科学实验柜，其中"天和"核心舱上可以装4台，"问天"实验舱上可以装8台，"梦天"实验舱上可以装13台。每台科学实验柜都是一个小型的空间实验室，可以支持开展单学科或多学科交叉的空间科学实验，整体达到国际先进水平。它们用于开展航天医学、空间生命科学与生物技术、微重力流体物理科学与燃烧科学、空间材料科学、微重力基础物理、航天新技术等研究方向的科学实验。

目前，"天和"核心舱内装有人系统研究机柜、高微重力实验柜和无容器实验柜。"神舟十二号"和"神舟十三号"的航天飞行乘组使用这些实验柜完成了40余项科学实验，取得了一大批具有世界水平的研究成果。首次建立了空间条件下细胞的长期培养体系和细胞模型，在此基础上，航天员完成了几项国际领先的生命科学实验；中国的无容器实验柜比国外的指标更高、能力更强，成功完成了多种类、多批次材料样品实验，加热温度达到2000℃以上，发现了多种新现象，中国正在对下行样品开展深入科学研究。

解密航天员工作

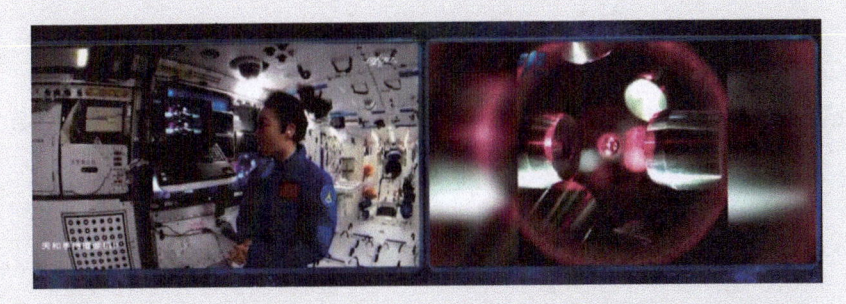

"神舟十三号"航天员王亚平在空间站核心舱中介绍使用无容器实验柜进行悬浮冶炼

  2022年上太空的"问天"实验舱主要用于开展空间生命科学研究，升空时带上了生命生态实验柜、生物技术实验柜、科学手套箱与低温存储柜、变重力科学实验柜共4台科学实验柜。根据需要，今后还会用货运飞船将更多的科学实验柜运到"问天"实验舱上并在轨组装。

生命生态实验柜

  2022年上太空的"梦天"实验舱主要面向微重力科学研究，配置了微重力流体物理科学与燃烧科学、空间材料科学、微重力基础物理等多学科方向的实验柜，支持开展重力掩盖下的多相流与相变传热、基础燃烧过程、材料凝固机理与热物理性质等物质本质规律研究及超冷原子物理等前沿实验研究。

链接： 许多复杂的科研工作都需要航天员参与，中国在2020年选拔的第三批航天员中有7名是从与航空航天相关的工程师里选拔的，有4名是从科学家里选拔的。从2022年起开始选拔的第四批航天员中，任务专家和载荷专家共5~6名，其中，2名载荷专家是从科学家里选拔的。

航天员进行太空行走有几种方式？为什么出舱前他们要吸氧排氮？

有些人以为"太空行走"是航天员在太空中散步，其实不是，因为一是太空中无路可走；二是航天员在太空中处于失重状态，也没有办法用脚行走，他们是靠手、机械臂或载人机动装置来移动身体的，而不是通过脚。为了方便航天员行动，设计人员在航天器的内部和外部安装了一些扶手，航天员可用手握住一个一个的扶手来回移动身体。所以，太空行走是一种"不是行走的行走"，太空行走只是一种俗称，严格地讲应该叫"空间出舱活动"。

空间出舱活动的科学定义是，航天员脱离母载人航天器或建在其他天体上的基地，依靠自身携带的环境控制与生命保障系统在太空中或其他天体表面上行动，最后返回母载人航天器或建在其他天体上的基地的一系列过程。其中，母载人航天器包括载人飞船、航天飞机和空间站；在其他天体表面进行的出舱活动也称"外星漫步"。空间出舱活动的特征为：航天员是空间出舱活动的主体；是在太空中或其他天体表面进行的；是人的主动性行为；是一系列活动构成的动态过程。

1 太空行走方式

太空行走有多种分类方法，其中公认的有以下几种。

一是按航天员太空行走的场所不同划分，可分为2种，第一种是航天员到载人航天器舱外的太空中进行的太空行走；第二种是在月球表面、火星表面或其他天体表面进行的太空行走。

1969年7月21日，阿姆斯特朗成为首位在月球表面行走的人类

二是按航天员进行的太空行走是否列入计划和时间的紧迫性划分，可分为3种，第一种是计划内太空行走；第二种是计划外太空行走；第三种是应急太空行走。其中，计划外太空行走是为了保证有效载荷的顺利操作或者是为了提高完成航天任务的效率，应急太空行走是为了保障载人航天器顺利返回地球或者是为了保护航天员的生命安全。应急太空行走也可以说是一种计划外太空行走。

三是按太空行走的目的和任务划分，可分为4种，第一种是验证类太空行走，苏联航天员、美国航天员和中国航天员的首次太空行走都属于这一种；第二种是组装类太空行走，空间站建造期间航天员的太空行走一般属于这一种；第三种是维修类太空行走；第四种是有效载荷类太空行走，比如释放或回收卫星、安装实验装置、采集月球样本等。空间站运行期间航天员的太空行走一般属于第三种或第四种。

四是按在太空行走时航天员的环境控制与生命保障系统是否依赖母载人航天器划分，可分为2种，第一种是"脐带"式太空行走，即航天员出舱时像出生的婴儿一样，通过一根类似"脐带"的绳索与母载人航天器连接，这条"脐带"有2个作用，一是提供环境控制与生命保障功能，航天员在舱外活动需要的氧气、压力、冷却工质、电源和通信服务等都是通过"脐带"由母载人航天器提供的，二是起保险作用，防止航天员飘离母载人航天器太远而回不来。第二种是"自主"式太空行走，即航天员不系"脐带"，而是使用外形像一个大背包的便携式环境控制与生命保障系统来执行太空行走，即航天员在太空行走时除身穿舱外航天服外，还要背上这种提供氧气、温度、湿度控制与保障等必要条件的"大背包"。

美国太空行走第一人爱德华·怀特进行"脐带"式太空行走

链接： "脐带"式太空行走的优点是，比较简单和安全，不需要装备昂贵、复杂的载人机动装置，早期的太空行走都采用这种方式。但是它存在明显的缺陷，比如"脐带"不能过长，航天员只能在母航天器不远处活动，如果走远了则容易使"脐带"缠绕，威胁航天员生命安全。

目前，大多数太空行走采用"自主"式太空行走方式，即航天员配备有载人机动装置。不过，为了保障安全，采用"自主"式太空行走方式的航天员在活动距离较远时多为2人一组，目的是相互关照，相互保障，相互救助。

2 六大用途

航天员进行太空行走有六大用途，一是在太空组装和扩建大型航天器；二是在太空维修、维护或升级航天器；三是回收、维护或释放卫星；四是完成一些舱外科研任务；五是进行紧急太空救援；六是载人登月和载人登火等。

美国航天员曾通过太空行走修复了刚上太空就出现严重故障的"天空实验室"空间站，使这一价值连城的庞然大物起死回生，避免了高额损失。美国专家认为，"天空实验室"空间站最重要的贡献是证明了人在空间中的重要作用，特别是人具有完成本来没有安排的空间维修任务的能力。

苏联/俄罗斯航天员则利用太空行走修理过"礼炮"系列空间站，尤其是多次组装、维修了"和平号"空间站，使其寿命达到15年之久。

另外，通过太空行走，人类可以完成发射或回收卫星等服务性工作，美国已多次在轨回收、维修或释放了"哈勃太空望远镜"和"太阳峰年"等卫星。

航天员利用太空行走完成了多项科学实验，最典型的案例就是"阿波罗"计划登月航天员在月面行走时完成的科学实验。今后，在建造月球基地或载人登陆火星的过程中，太空行走会不断增多。

链接： 2008年，航天员翟志刚进行的中国第一次太空行走属于验证类太空行走，而"神舟十二号""神舟十三号""神舟十四号"的航天员进行的太空行走属于组装类太空行走或有效载荷类太空行走。后续的太空行走的时间要长很多，而且完成了多项复杂的舱外安装任务，包括进行人和机械臂的协同配合，用机械臂把航天员送到舱外作业点附近工作，因此难度比翟志刚进行的中国第一次太空行走增加了许多。

"神舟十四号"航天员进行舱外作业

3 必经门户

太空是一个高真空、高洁净、强辐射的环境，人一旦直接暴露在太空中将面临失压、缺氧、低温和辐射损伤等危险。所以，人要进入开放的太空，必须使用复杂的出舱设备，如气闸舱、舱外航天服、环境控制与生命保障系统、安全带等。

进行太空行走首先要使用的重要设备是气闸舱。因为在太空中，航天员出舱不能像在地面那样直接打开舱门，那样会使舱内的宝贵气体迅速流失，而且在快速流动的气体作用下，航天员会像炮弹一样被"发射"到太空中。所以，航天员出舱前必须首先通过气闸舱这个必经门户。气闸舱有以下三大用途。

一是节省载人航天器内的气体，防止航天员打开舱门进入宇宙空间时载人航天器内的气体大量流失。载人航天器的气闸舱一般有2个舱门（也叫闸门），其中与座舱连接的叫内舱门（也叫内闸门），可通向宇宙空间的叫外舱门（也叫外闸门）。出舱时，航天员首先打开内舱门进入气闸舱；然后关闭内舱门，穿上舱外航天服，进行预先吸氧；将气闸舱逐步减压到真空状态后，航天员就可以打开外舱门进入宇宙空间了。航天员返回气闸舱时按照相反的顺序操作，即首先关闭外舱门，然后逐步恢复气闸舱的压力，当气闸舱内的压力与座舱内的压力相等时，就可以打开内舱门了。对于气闸舱来说，最重要的是要保证其内外舱门的气密性绝对可靠，它们是航天员的"生命之门"，如果气闸舱漏气则十分危险，所以在开启和关闭气闸舱时必须十分小心、熟练。

二是在航天员出舱前对大气压力进行调节，预防航天员在太空行走时得减压病，避免影响太空行走任务的完成甚至威胁航天员的生命安全。因为目前所有载人航天器内部都是1个大气压，而航天员出舱活动穿的舱外航天服内的压力较低，如果航天员从高压环境迅速转入低压环境，就容易得减压病。在气闸舱内，通过高低压环境之间的逐步过渡，以及采取吸氧排氮等措施，可帮助航天员预防减压病。因此，气闸舱内一般还装有吸氧排氮设备。

三是泄压和复压，使航天员可以很方便地打开舱门进入宇宙空间，并且在航天员回到气闸舱后恢复舱内的压力。

由于体积等因素的限制，目前只有空间站和航天飞机设有专用气闸舱。根据设计水平、任务要求的不同，各种载人航天器上的气闸舱也不一样，不过它们在设计要求、基本结构和基本功能上是相同的。例如，气闸舱能容纳 2 名穿舱外航天服的航天员，进出口直径为 1 米左右，以便穿着航天服的航天员进出。因为航天员是平躺着以飘浮方式进出的，所以气闸舱进出口的设计是以穿着航天服的航天员的身体圆柱体为准的。另外，在失重环境下，无论是在舱外还是在舱内，航天员都飘浮在空中，在移动身体和固定身体时都需要一些扶手和限制装置，因此，气闸舱的设计应考虑到航天员的这种需求。

链接： 气闸舱内的支持系统功能有：气闸舱泄压和复压、舱外活动设备再充电、液冷服的水冷却、舱外活动装置检查、穿脱舱外航天服、通信。舱外航天服检查用仪表和再充电接口装在气闸舱内壁上。气闸舱的内舱门向座舱内开启，外舱门向气闸舱内开启。气闸舱泄压通过排气口实现。气闸舱的 2 个舱门上都有用于观察的小窗口，气闸舱内还有便于航天员行动的手脚限位器。

2 名航天员进入气闸舱内准备出舱

4 各国特色

因为俄罗斯和美国的舱外航天服存在差异，所以在"国际空间站"上，从俄罗斯舱段的气闸舱出舱必须穿俄制舱外航天服，从美国航天飞机的气闸舱出舱要穿美制舱外航天服。不过，自从"国际空间站"安装上了采用特殊设计的美国"探索号"气闸舱后，从这个气闸舱出舱，穿俄制和美制2种舱外航天服就都可以了，它能提供与2种舱外航天服匹配的能源/通信系统、连接氧气和冷却液的接口装置、闸门等。

"探索号"气闸舱由2个部分组成：较小的乘员气闸舱和较大的设备气闸舱。乘员气闸舱通过一道闸门与设备气闸舱隔开，供航天员出舱活动使用，损失的气体较少。舱内有照明设施和通用的"脐带"式接口装置，其中接口装置固定在气闸舱的舱壁上，通过"脐带"可以同时给2套舱外航天服供水、回收废水、供氧、供电和通信联络。

链接： 在"探索号"气闸舱的舱门打开之前，舱内压力先下降到20.7千帕，然后降到与宇宙空间相同的水平。设备气闸舱除用来存放航天员出舱活动用的各种装备外，还供航天员在里面预吸氧，并能供航天员对舱外航天服进行定期保养维修，因此，舱内有各种维修保养用的工具和设备。

"天宫"空间站航天员的前4次出舱是从2021年发射的"天和"核心舱的节点舱朝向外太空的对接口出舱的，那是"天宫"空间站的备份气闸舱。2022年，中国发射了"问天"实验舱，该舱装有主气闸舱，容积大约为15立方米，比核心舱的节点舱多了50%以上，而且出舱口直径为1米，也比节点舱0.85米的出舱口更大。此后"问天"实验舱成了中国航天员的出舱主通道。

从"天和"核心舱的节点舱出舱时，航天员需要进行物品转移等操作，而从"问天"实验舱的气闸舱出舱省去了这些操作，让航天员能够更快速地开展出舱活动。另外，核心舱的节点舱的出舱口朝向外太空，而"问天"实验舱的气闸舱的出舱口设置在朝向地球的一面，这样航天员出舱的时候直接看到的就是地球。地球反照的作用使得航天员出舱时的光照没有朝向外太空时那么强烈，柔和了很多。同时，出舱就能看到地球，也为航天员带来了很明确的方位感。

5 吸氧排氮

目前，空间站内部的气压是地球海平面的大气压力，即 101 千帕，中国舱外航天服和俄罗斯舱外航天服的内部压力约为 40 千帕，美国舱外航天服的内部压力约为 30 千帕，如果航天员在舱内穿上舱外航天服后直接进入宇宙空间，就会患减压病。航天员通过气闸舱进行高低压环境的过渡，再进行吸氧排氮，就可以预防减压病的发生。

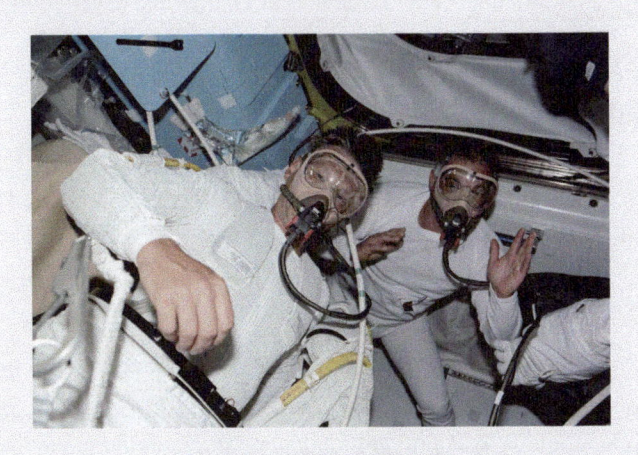

航天员在气闸舱内吸氧排氮

那么，什么叫吸氧排氮？它有什么作用？地球海平面的气压为 1 个大气压，载人航天器内的气压也是如此，这时，氧气只占 21% 左右，而氮气约占 79%。人体在这样的压力下不仅生活正常，而且与外界气体交换也正常。但是当航天员进入宇宙空间时，由于没有大气压力，航天员出舱后人体组织内的气体会因外界压力低而向外逸出。氧气是人体必需的，逸出到哪里都可以，但是氮气逸出人体组织，就会使人体产生皮肤发痒、关节与肌肉疼痛、咳嗽和胸闷等症状。这种从高压（正常压）变成低压（航天服内的压力）所引发的病就是减压病。对此，必须采取措施预防减压病，方法就是在出舱前吸纯氧来置换身体内的氮，使留存在身体内的氮减少到不会影响航天员身体健康的程度，这个过程就叫"吸氧排氮"。

链接： 目前，人类还没有研制出实用的高压舱外航天服。舱外航天服压力太高，不仅在工程上难以实现，还会使航天员的运动和工作变得困难，所以航天员太空行走时穿的是压力比舱内压力低许多的低压舱外航天服，航天员在出舱之前必须吸入纯氧，以便用氧置换体内的氮。如果舱外航天服内的压力相对较大，或者说它与舱内压力水平接近，而且舱内的含氧量大，那么吸氧排氮的时间就会短一些，反之则长一些。

航天员如何开展太空教育？中国航天员太空授课的主要内容是什么？

载人航天器内的失重环境不仅使航天员的生活变得十分奇妙，也会对物理、化学、材料、生物、医学等领域产生重要影响。在那里，液体中密度不同的成分不会发生沉淀或对流；水和蜡烛燃烧都会呈球状；许多成语描述的现象，如脚踏实地、飞流直下、危如累卵和摇摆不定等在失重环境中就不复现了，在那里，水不再往低处流，甚至用竹篮也可以打水。真可谓"不一样的世界，不一样的感受"。在载人航天器上开展太空教育可以激起师生们探索太空的极大兴趣，激发他们研究科学、技术、工程和数学领域的兴趣与灵感，吸引更多的师生探索这些领域甚至加入航天事业的队伍中。

1. 太空授课

太空教育有多种形式，其中太空授课是最典型的一种方式。空间站称得上世界上"最高的课堂"，对培养青少年探索太空的兴趣具有积极影响。

美国女性航天员巴巴拉·摩根曾于2007年在"国际空间站"上对青少年进行过一次授课。摩根是美国首位太空女教师克丽斯塔·麦考利夫的替补，麦考利夫于1986年在乘"挑战者号"航天飞机上太空时牺牲了。2007年，摩根在太空失重环境下为学生授课，产生了较大影响。在摩根的太空授课活动中，一名学生想了解航天员是如何在太空中锻炼身体的，摩根没有直接回答，而是将身旁2位身材魁梧的航天员举了起来，一手一个，并装出一副很吃力的样子。另一名学生想知道航天员是如何在太空中喝水的，摩根便从一个特制的饮水袋中挤出几滴水珠，她和同事们用嘴接住四处飘动的水珠并吞下去。学生还想知道航天员在太空中是如何保持个人卫生的，摩根马上向自己的脸上喷射肥皂水，演示她是怎么洗脸的，另一名航天员还演示了如何刷牙，其中的漱口水需要吐到专用毛巾上，因为在太空微重力环境下，水不会向低处流。

美国太空女教师摩根在太空中表演空翻

2013年6月20日，"神舟十号"航天员王亚平通过电视直播的形式在"天宫一号"上进行了约40分钟的中国第一次、世界第二次太空授课，圆满地为青少年进行了质量测量、单摆运动、陀螺、水膜、水球共5项太空科学实验演示，展示了失重环境下物体运动特性、液体表面张力特性等特殊物理现象，使青少年了解了液体表面张力的作用，从而激发了青少年的兴趣，加深了青少年对质量、重量及牛顿定律等基本物理概念的理解，使青少年对太空有了更深刻的认识。

2 "天宫课堂"

2021年12月9日,"神舟十三号"航天员王亚平和其他航天员一起在"天宫"空间站开讲"天宫课堂"第一课,介绍了"天宫"空间站工作生活场景,演示了微重力环境下细胞学实验、太空转身演示、浮力消失实验、水膜张力实验、水球光学实验、泡腾片实验等物体运动、液体表面张力等现象,并与地面课堂进行了实时交流。

链接: 在微重力环境下细胞学实验中,王亚平在叶光富的配合下介绍了他们在空间站开展的失重条件下细胞生长发育的有关研究。在该研究中,他们选用了不同类型的细胞开展研究,如皮肤干细胞、心肌细胞等。在展示的心肌细胞样品中,心肌细胞发出了荧光,这是由于心肌细胞自动节律收缩时产生了生物电。通过这项实验结果可以得出,人体的细胞在太空中也能完成原有的功能。

在太空转身演示中,在不借助外力的情况下,叶光富采用"游泳"姿势或使用吹气的方法都无法实现转身自由,而当他举起手臂画圈时,便可缓慢朝某一方向转身。通过这个演示,王亚平讲解了"角动量"的物理概念。

角动量有方向和大小,在一个孤立系统里角动量是守恒的。叶光富"游泳"或吹气时,对自身改变很小,无法实现转身。但是当他举起一侧手臂画圈时,手臂拥有了一个角动量,那么身体的另一部分就产生了相反的角动量,从而实现了转身。要改变整体的角动量,需要系统跟外界有接触作用,比如扔出一个重的物体或用手脚触碰舱壁,这也是舱壁要安装很多把手的原因。

在浮力消失实验中,王亚平把乒乓球放入水中,用吸管将它推到水面以下。在地面的对比实验中,受到水的浮力作用,乒乓球会浮出水面,而太空中的乒乓球则完全不会积极地露出水面。这个实验表明,液体浮力是伴随重力产生的,因为在空间站的微重力环境下,液体没有浮力,所以乒乓球不会浮在水面。

这次王亚平还用带柄圆环做了水膜张力实验,不过与前一次在"天宫一号"上所做的演示有区别。她还是先做了一个水膜，并通过水袋给水膜加水，由于水的表面张力作用，水膜慢慢地增厚，最后变成了一个水球，当王亚平将在地面上与女儿一起折的纸花放在水球上时，同样是在水的表面张力的作用下，纸花慢慢地绽放了。

在水的表面张力作用下，纸花旋转着慢慢打开，得到了一朵在太空中绽开的花

> **链接：** 水球就像一个凸透镜（放大镜），根据凸透镜成像的原理，当人的位置远大于 2 倍焦距时，便会形成一个倒立且缩小的像，所以当摄像机镜头观察水球另一侧的王亚平时看到她在水球里呈现出倒像。当王亚平轻轻往水球中间注入一些气体，水球中间就出现了一个气泡，这时候又看到气泡上出现了一个更小的正像。这是因为，从气泡来看，它的外围是水，内侧的 2 个气泡 – 水界面相当于 2 个凹透镜，因此气泡上呈现出了王亚平的正像。

在泡腾片实验中，王亚平把水球中的气泡吸走之后，又向注入蓝色颜料的水球中放入半片泡腾片，泡腾片在溶解过程中释放出了二氧化碳，形成许多小气泡，但是由于没有浮力，这些气泡"安逸"地待在水球里。当水球中气泡的数量增多时，气泡占据了更大的空间，水球的表面积也会随之增大。

3 化学实验

2022 年 2 月 3 日，为了庆祝北京冬奥会即将开幕，王亚平首次在"天宫"

空间站上进行了化学实验，该化学实验让奥运五环在"天宫"空间站上飘浮。

首先，王亚平在透明的五环模型中加入了无色的透明溶液。依次是1、4、5号环中的碳酸钠，2号环中的碘化钾、碘酸钾，3号环中的乙酸溶液。看似完全相同的透明五环在加入不同试剂后，显现出了不同颜色。

1号环中的碳酸钠遇到溴百里酚蓝，呈现出鲜亮的蓝色。溴百里酚蓝是一种常用的酸碱指示剂，本体是橙色粉末，溶解在清水中呈现出绿色，当它遇到碱性的碳酸钠时会呈现出蓝色，遇到酸性溶液时则会变成漂亮的橙色。

2号环中的黑色的形成过程就比较复杂了，不仅有显色反应，还有氧化还原反应。碘化钾、碘酸钾遇到乙酸后产生了碘单质，它与之前加入的淀粉结合，就变成了接近黑色的深蓝色。

3号环的橙色来自另一种酸碱指示剂甲基橙。它本身呈弱碱性，当遇到 pH 值小于 3.1 的溶液时呈红色，遇到 pH 值在 3.1 ~ 4.4 之间的溶液时呈橙色，遇到 pH 值超过 4.4 的溶液时呈黄色。所以，当它遇到 3 号环中的乙酸溶液时，呈现出橙色。

4号环中的工质遇到碱性的碳酸钠溶液时，呈现出鲜亮的黄色。

5号环的绿色来自黄色与蓝色的混合。当遇到碱性的碳酸钠时，溴百里酚蓝亮出了"蓝色牌"，甲基橙举起了"黄色牌"，它们一经混合，结果在人们眼中就成了绿色。

漂亮的奥运五环在微重力的空间站飘浮了起来。

4 再度开讲

2022 年 3 月 23 日进行的"天宫课堂"第二课，"神舟十三号"航天员在轨演示了失重状态下的饱和液体结晶现象，失重环境下水的表面张力作用，失重环境下水油分层现象消失、通过旋转产生离心力实现分层，天地之间的抛物区别，介绍了核心舱高微重力、无容器实验柜，展示了本次任务中开展的空间科学实验进展。最后，航天员与地面课堂师生进行了天地互动。

在演示太空"冰雪"实验时，王亚平从水袋中挤出 1 颗晶莹剔透的水球后，使用"魔法棒"轻轻触碰了它。几秒内，这颗水球迅速从外到内变成了1颗"冰球"。这颗"冰球"其实并不是冰，而是乙酸钠结晶。

在空间站做"冰雪"实验

其中"点水成冰"的"魔法"是过饱和溶液结晶的过程。乙酸钠可以溶于水中，但是溶解的程度是有限的。温度越高，乙酸钠的溶解度越大，也就是说同样多的水可以装下更多的乙酸钠。然而随着溶液慢慢降温，溶解度也会逐渐下降，这时候溶液会逐渐"装不下"乙酸钠。不过在外部环境较为稳定的情况下，这种明明装不下还要继续装的状态会持续下去，从而形成过饱和溶液。

对于溶液而言，这种情况是不稳定的，在受到搅拌、震荡等外部影响时，溶质会结晶析出，形成"冰"一样的视觉效果。这个过程还会释放热量，所以它也就成了"热冰"。

链接： 在演示液桥实验时，叶光富首先向王亚平手持的液桥板上挤出了2颗水球，水球"粘"在液桥板表面并像果冻一样轻轻晃动。随后，王亚平将2个液桥板靠近，板上的水球融为一体。王亚平再轻轻拉开2个液桥板，1个液桥出现在2个液桥板之间。在地面上，如果用2根手指蘸一些水滴，合在一起后再慢慢拉开，也会出现1个液桥，但是由于地面上存在重力，很难拉出1个长的液桥。在微重力环境下，液桥可以更加稳定地存在。空间站中的液桥是失重状态下水的表面张力的表现。

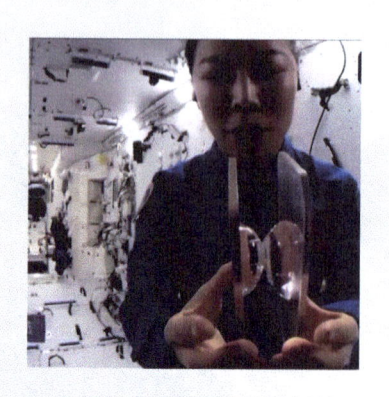

王亚平在空间站演示液桥实验

在演示水油分离实验时，王亚平手持一个装有水和油的小瓶子，将其摇晃后，2 种在地面上不相容的液体充分混合在一起。油滴晶莹剔透，完全不会上浮或下沉，展示的现象表明密度分层消失了，根源就是微重力环境。随后，叶光富将绳子系在瓶口，快速旋转，借助离心作用将水和油分开了。

太空抛物实验的目的是，理解牛顿第一定律的基本原理。王亚平用手指将冰墩墩轻轻一推，冰墩墩没有下坠，而是翻滚着慢慢飘向一旁的叶光富。叶光富接住后，又将其推向王亚平。冰墩墩在两人之间来回做着近似匀速直线运动。这是因为在空间站微重力环境下，物体几乎不受重力的影响。

2022 年 10 月 12 日，"天宫课堂"第三课在"天宫"空间站"问天"实验舱开讲。"神舟十四号"航天员介绍并展示了"问天"实验舱工作生活场景，演示了微重力环境下毛细效应实验、水球变"懒"实验、太空趣味饮水、会调头的扳手等现象，同时生动讲解了实验背后的科学原理。此外，航天员还重点介绍了在中国空间站开展的水稻和拟南芥种植研究情况，展示了手套箱剪株操作。授课期间，航天员通过视频通话形式与地面课堂师生进行了实时互动交流，地面课堂专家也就有关科学问题进行了认真解析。

入选"天宫课堂"的实验需要满足 3 个要求，第一，保证绝对安全；第二，实验现象要与地面有明显的差异，这样观众更容易从天地差异中感知宇宙的奥秘，体验探索的乐趣；第三，实验操作不能给航天员造成额外的负担。

与 2013 年进行的首次太空授课相比，后续"天宫课堂"所在的"天宫"空间站比"天宫一号"要大许多，而且更加现代化，航天员可以更方便、更精彩地演示太空实验和太空生活等。另外，我国的测控通信系统的性能也有了很大提升，依靠"天链一号"中继卫星星座提供的宽带，太空授课的高清视频可以很流畅地传回地面。

中国空间站里的生菜

链接： 2022年，中国建成了体积大、寿命长、功能强的三舱式大型载人空间站。可以相信，此后的中国太空教育会更加丰富多彩，可以在太空中采用视频传输、天地通话、搭载实验、参与研究等方式进行，或者在地面上开展太空设计比赛、参观体验和知识讲座等活动。

5. 多种形式

早在"国际空间站"建设的初期，驻守其间的航天员就意识到了太空生活、失重环境下的种种奇妙现象对青少年的巨大吸引力。他们抽出极其珍贵的时间和青少年交流，甚至亲自做一些实验演示。至今，一批又一批航天员用自身的经历与行动鼓舞和启迪着全世界的青少年。

由于太空授课的次数和时间十分有限，而太空实验对青少年又有很好的启迪作用，因此上述太空实验除可采用太空授课（直播）的方式进行演示外，还会采用视频传输的方式进行演示，即航天员在载人航天器内录制青少年感兴趣的太空实验，然后在通信信道不忙时通过中继卫星将教育演示视频传回地面，这些教育演示视频被全世界的教育者广泛应用，青少年也可通过网络直接下载教育演示视频。

现在，有的航天员在空闲时经常录制进行太空实验的教育演示视频，航天员已经在"国际空间站"上录制了数以百计的教育演示视频，其中不少是对物理定理和物理现象的演示，如演示失重环境中物体的质心、旋转、共鸣、波动、水滴、牛顿定律、质量和重量、线性动量、角动量守恒、液体表面张力、速度与能量和做功、伯努利定律、向心力与加速度等。

航天员在"国际空间站"上演示科学实验

这些教育演示视频丰富多彩，除拍摄航天员的太空生活——睡眠、工作、科研活动外，更多的是借助"国际空间站"奇妙的微重力环境和器材演示基本定律。为了更加形象地演示这些规律，同时也为了使航天员更有兴趣参与，每次演示都需要使用一些教具，为此，陀螺、跳绳、足球、回旋镖、溜溜球、纸飞机、曲棍球等很多地面的运动器具、游戏和玩具被搬上了空间站。

制作这些演示视频虽然不需要耗费太多额外的能源，也不需要增加特别的硬件设备，但是需要航天员的配合，如一个负责摄像，一个负责演示。教育演示视频已经成为"国际空间站"一项成功的太空教育活动，航天员只需要利用简单的教具和微重力环境，就可以把物体运动特性、液体表面张力等在地球上不容易理解的概念讲得生动有趣，并让更多的青少年参与真正的太空任务和实验，接触前沿航天设备，获得前所未有的体验，极大地提升创造力。

链接： 载人航天器上的航天员与地面上的学生进行视频通话也是太空教育的一项内容，意在鼓励学生学习和从事科学事业。该活动是完全免费的公益性教育活动，教育部门、正式和非正式教育团体都可以提交视频通话申请。航天员携带业余无线电台在太空中与地面业余无线电爱好者联系，帮助全球青少年了解奇妙的宇宙和空间计划、搭载实验、太空生活等。人们还可以利用软件跟踪载人航天器轨迹，收听航天员在载人航天器上的交谈。

"国际空间站"航天员通过"国际空间站业余无线电台"与地面人员通话

怎样为航天员保驾护航？什么是载人航天的医学监督与医学保障？

航天员是所在国家精英中的精英，所以必须保障航天员的身心健康和良好工作能力，这就是航天员医学监督与医学保障（简称"医监医保"）的任务。医监医保的职责是，保障航天员在训练期间及航天飞行前、中、后期的生理、心理等方面的健康，使他们可以高效地完成载人航天任务。因此，航天员医生可以说是航天员的"保护神"。

1 训练期间

在航天员训练期间，航天员医生就要应用预防医学、临床医学、心理医学、航天医学等方面的原理和技术，预测可能危害到航天员健康的因素，全方位监护航天员的健康，预防疾病发生，提高航天员的健康素质。

航天员医生经常对航天员进行健康教育，为他们制定科学作息制度，平衡膳食营养，加强体质锻炼，搞好卫生防疫，及时诊治疾病，定期安排疗养等。

为了保障航天员的身心健康，使之保持良好的工作状态，航天员医生需要根据航天员训练负荷刺激强度及影响制定作息制度，并监督航天员作息制度的落实情况。特别是当航天员参加航天环境适应性训练和大负荷训练前后，更要严格执行相应的休息制度。

航天员医生要监督航天员营养及食品卫生，其食品既要美味可口，还要品种全面，搭配合理。航天员医生还要经常性地宣传、贯彻食品卫生学知识，培养航天员优良的卫生观念，使他们养成良好的饮食卫生习惯。

航天员要经常进行体质训练，以提高自身对各种负荷与应激反应的应对能力和耐受能力，增强机体防病抗病的能力。航天员医生应根据每名航天员的身体情况提出有针对性的体育训练建议，监督体育训练计划的实施。不但要防止航天员运动量过小，也要防止航天员运动量过大，并预防运动事故。

为了降低航天员患传染病的概率，航天员医生要定期对航天员的公寓、食堂、训练场所进行卫生检查和消毒；航天员要少去或不去公共场所；定期监测与航天员密切接触人员的关键生理指标。

为了帮助航天员改善生理机能，增强抗病能力和抗疲劳能力，航天员医生每年还要制定航天员健康疗养计划，并安排航天员定时疗养。在疗养前，航天员医生要了解疗养院饮食及周边环境等情况，并制订航天员康复计划。

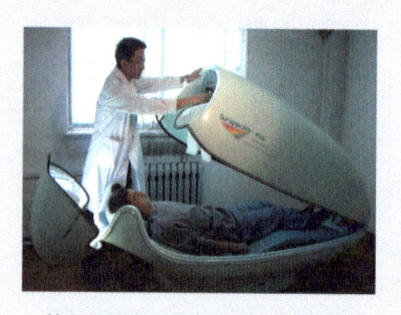

航天员医生正在为航天员实施理疗

链接：航天员医生的另一个工作重点是航天员训练现场的医监医保。训练前要让航天员了解训练的内容和程序，熟悉训练项目的人体负荷量、生理反应和安全措施。训练中要根据航天员训练的负荷量和对身心的影响来决定训练现场的医监医保力度，严把医学放行关和医学中止关。尤其是在超重耐力适应性训练、失重训练、隔绝训练、低压缺氧训练、前庭功能训练等航天环境适应性训练中，航天员医生要如影随形，进行现场医监医保，针对专项训练的特点和可能发生的危险做出相应预案。

2 上太空前

在航天员上太空前一段时间到返回地面之后一段时间内，为了给航天员的健康保驾护航，航天员医生需要对航天员进行全程医监医保，要涵盖发射场、航天飞行控制中心、主副着陆场甚至海陆应急救生区。

当确定了执行某次航天飞行任务的航天飞行乘组后，航天员医生就要开始航天员飞行期的医监医保，包括在飞行前维护航天员身体健康、预防伤病，对航天员进行发射前的医学鉴定，以确定航天员是否可以上太空。

国外曾出现过发射前因医学问题影响任务进行的事件，比如美国"阿波罗9号"飞船发射前，因航天员感染病毒不得不延期发射；美国在执行航天飞机STS-36任务中，因为航天员发生上呼吸道感染，最后推迟3天发射。

上太空前的医监医保工作通常是从发射前50天开始到发射当天结束，包括监督作息制度、消毒检疫和体质训练等。航天员医生要汇总航天员的健康资料，实施健康观察与评定，确认航天员的健康状况。

航天员医生要对即将上太空的航天员进行实时健康监测，即在航天员进行各专项训练前后，要检查他们的血压、脉搏、体重、体温、呼吸和感官功能等，监测他们的精神状态、主观感觉、饮食情况、睡眠情况、疲劳程度和工作积极性等。在专项训练结束时，航天员医生要对航天员的健康做出评定。

在上太空前，航天员实行白天八小时工作制，一般不加班训练。航天员医生实行二十四小时负责制，监督航天员作息，保障航天员具备良好的工作能力；定期调查航天员疲劳程度，以便调整训练与工作安排。

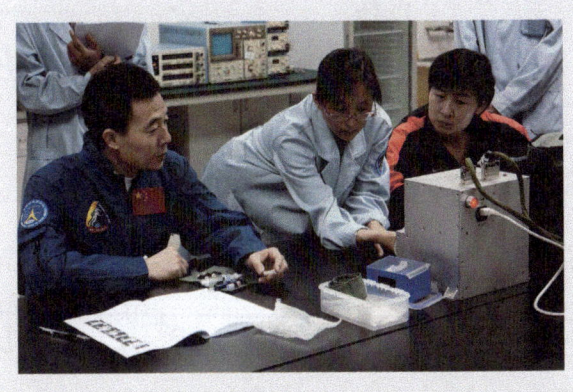

航天员医生正在向"神舟九号"航天员景海鹏、刘洋讲解医监生化检测设备的使用

在医监医保工作中，航天员医生要对航天员实施发射前50天、14天、7天、3天、发射当天共5次周期性健康监测。为了排查航天员未被发现

的潜在疾病，医学检查由全面医学检查逐渐减少为重点临床检查。发射当天，航天员医生只对即将上太空的航天员进行简单的医学检查，比如检测心率、血压、体温和体重，询问和观察航天员是否有不适症状。

发射前 20 小时，航天员医生要对航天员进行肠道清洁，以延迟航天员排便时间，使航天员在脱去舱内航天服之前不会大小便。

链接： 在发射前几个小时，航天员医生要指导航天员服用抗航天运动病药物，对全身皮肤进行消毒，佩戴电极背心，更换内衣，穿舱内航天服，对舱内航天服进行气密性检查，之后航天员乘车到发射工位。航天员进入飞船后要将舱内航天服医监插头与飞船相连，将心电、呼吸生理指标传至医监台。

3 上太空后

在航天员进行航天飞行的过程中，航天员医生通过监测航天员生理指标和与航天员通话，判断航天员的健康状况。航天员医生还要针对航天员在航天飞行中可能出现的医学问题制定相应的预案，对航天飞行中航天员的不适症状或伤病提出医学处置意见，实施在轨医学支持。航天飞行中的医学监督分航天员身体正常时的医学监督和身体异常时的医学监督。

由于载人航天环境特殊，航天员医生通常需要通过遥测的方式实时监测航天员的呼吸、体温、血压和心跳等生理指标的变化，并通过与航天员直接对话和观察电视画面的机会进一步了解航天员的生理和心理状况，并判断航天员的身心健康状况，指导航天员用药，为航天员提供心理支持。

人类经过 60 多年的载人航天飞行研究和实践，载人航天飞行医监生理指标已趋于成熟和简化，主要有心电、呼吸、血压、血流四大生理指标，此外还有电视图像和医监通话。心电是航天飞行中最有意义的生理监视指标，它既是航天员生理心理状态监护必需的客观指标，也是判断航天员心脏功能状态的重要医学安全监督指标。

美国和苏联/俄罗斯通过观察发现，太空中航天员的肺活量降低约10%，这可能是因为微重力环境中航天员的体液重新分布引起的。监测航天员的血压也很重要，美国和俄罗斯都曾用自行车功量计和跑台做过失重状态下不同运动负荷下心率和血压的测试。测量体温能及时发现航天员在航天飞行中有没有发生感染性疾病，如果航天员体温低于35℃或超过37.4℃，应引起航天员医生的重视。

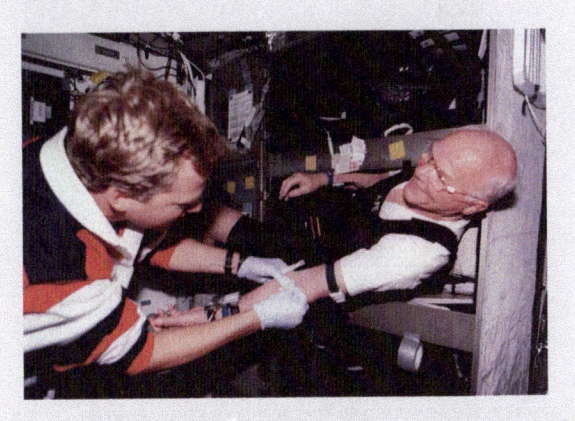

在太空中对美国77岁航天员格林进行体检

总体而言，随着载人航天器的空间越来越大，航天员在轨生活和工作时间越来越长，在轨配置的医监设备种类也越来越多、越来越先进。早期载人航天器除监测航天员的基本生理指标外，还有心电图；后来逐渐增加了脑电图、眼动图、脑血流图、动脉血压、动静脉搏图等。

在美国载人航天飞行中，常监测航天员的心电、心音、呼吸、体温和血压等指标。美国"天空实验室3号"航天飞行乘组指令长在航天飞行中发生偶发室性期前收缩，其驾驶员在出舱活动期间出现室性期前收缩和游走性起搏点。美国"阿波罗15号"登月舱驾驶员欧文在前往月球的途中出现室性期前收缩，在登月期间出现结性二联律，二联律后60小时观察到房性期前收缩，2年后，该航天员突发心肌梗死。

链接： 苏联/俄罗斯"和平号"空间站内有适用于飞船发射段、轨道段、返回段的医学监督设备α医监仪，它监测心电、呼吸、心震图等指标；其上的β医监仪适用于出舱活动，它监测心电、呼吸、心震图及耳后体温等指标；其上的γ医监仪适用于空间站医学监测和检查，监测12导联心电图、血压、血流图等指标。

航天员医生一般每天与航天员进行 2 次医监对话，了解航天员的工作和生活动态，包括饮食、作息、睡眠和工作情况。如果发现航天员表情和行为异常，航天员医生应该重点关注，并进行检测和判断。

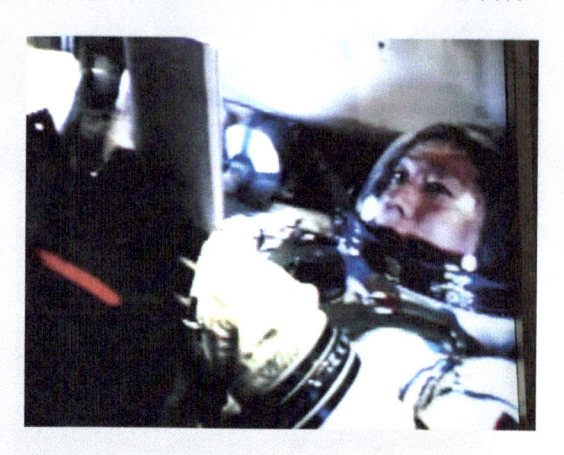

航天员杨利伟在太空中向地面航天员医生报告心理和身体状况良好

航天飞行期间，负责医监的航天员医生还要监视环境信息指标，包括舱温、舱压、氧气和二氧化碳分压、噪声、辐射等，关注环境对航天员身体的影响，以便对航天员的健康状况做出综合评估，得出结论并提出处理意见。当航天员身体异常时，航天员医生要准确了解情况，然后给予医学指导，包括增加血压和体温测量次数，制定应急处置措施。如果航天员出现严重急腹症、心肌缺血、心律失常、严重外伤、感染性疾病、严重烧烫伤等严重伤病，或载人航天器出现难以及时修复的严重故障，航天员医生就要建议航天员提前返回地面。苏联的载人飞船曾因航天员头痛提前返回，也曾因航天员出现焦虑和失眠提前返回；"联盟 TM2"飞船和"和平号"空间站对接期间，也由于航天员出现心律失常而提前返回。

4 医学保障

在轨飞行期间，航天员医生除对航天员进行医监外，还要对航天员进行医保（与地面医疗保险的简称概念不同）。包括对航天员进行心理支持，即在不同的在轨飞行阶段，利用地面通信、影像等各种设施，促进航天员对太空生活、工作、环境条件的心理适应的过程。尤其是在长期载人航天飞行的中后期，航天员可能会因长时间与外界隔离、舱内活动单调等多种原因产生焦虑。这时可以通过让航天员听音乐、看录像，与家人和医生通话等方式，进行心理调整。在轨医保的另一项工作是通过对舱内和个人卫生进行清洁等措施控制舱内微生物。

链接： 噪声、失重、低压缺氧、空间辐射、高低温交变、昼夜节律紊乱和精神过度紧张等因素都会诱发航天员得病。尤其是航天飞行前几天，由于微重力环境改变了人体水盐代谢，体液重新分布，使航天员容易得航天运动病，发生心血管功能失调。随着飞行时间的增长，航天员的免疫力容易降低，可能感染疾病。座舱内的甲醛、一氧化碳和二氧化碳等环境污染因素也可能导致航天员机体中毒。

国外航天员已有在轨得病的情况。例如，美国"阿波罗13号"有航天员发生泌尿系统感染，苏联"上升2号"有航天员患胃溃疡。另外，还有的航天员患肾绞痛、心律失常、中毒性肺炎、上呼吸道病毒感染综合征。目前，对航天员疾病的检测诊断主要靠航天员医生的专业经验和医监设备获取的生理信息。

为此，要通过提高航天员的健康素质，消除不利或有害的因素，降低航天员得病的概率，以预防为主。航天员一旦发生疾病或受伤，应采用饮食、运动、补钙、预吸氧、下身负压、地面心理支持、抗航天运动病药物等多种方法和手段进行综合诊治。

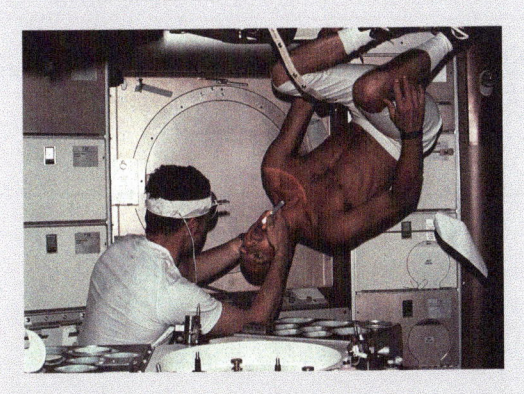

在宽敞的"天空实验室"中，航天员医生为航天员进行牙齿检查

航天员上太空后前几天容易得航天运动病，可能出现类似地面晕车、晕船或晕机的一些症状，即恶心和呕吐等，这时候最好不安排航天员进行太空行走，因为如果在太空行走时呕吐，呕吐物会浮在面窗前，这样就容易呛到航天员或堵塞通风回路。太空行走体力消耗很大，所以也不宜短时间内多次出舱。出舱前，要保证航天员的营养，提前服用抗航天运动病药物。出舱时，要实时监测航天员的生理指标和舱外航天服及环境控制与生命保障系统情况，并通过话音和图像监督航天员的表现，如果出舱设备发生故障或航天员身体出现问题，要马上要求航天员返回舱内。

太空行走时要预防航天员得减压病。目前，航天员出舱前根据所穿舱外航天服的性能进行科学的吸氧排氮的方案是防止减压病的行之有效的方法。另外，太空行走时也要预防因舱外航天服故障引起的缺氧、二氧化碳蓄积等问题。

链接： 航天员出舱时维持舱外航天服内的温度非常重要，目前多采用穿液冷服的方式来维持温度。但是舱外航天服调温系统容易出现故障，因此要有预案。航天员太空行走时要避开高辐射区域和太阳粒子事件活动期，尤其是不要在飞经南大西洋辐射异常区域时出舱。太阳粒子事件本身是无法预测的，但是可以通过太阳耀斑活动来监测太阳活动，在太阳耀斑大规模活动期间，避免或终止出舱活动，必要时航天员应预先服用防护药物。

如何使返回地面的航天员尽快恢复身体健康？哪些航天员获得过载人航天的世界第一？

航天员返回地面后，航天员医生要对他们实施科学有效的医学处置，然后采用返回后恢复措施使航天员逐渐适应地面环境。

1 正常返回

美国的所有航天飞机均已退役，这里主要介绍中国航天员搭乘载人飞船返回舱着陆后的情况。

在载人飞船返回舱着陆后，航天员可以使用多种手段迅速获取自身位置信息：通过搜救卫星系统接收返回舱信标发出的信号；读取仪表板上的位置数据，通过卫星电话联系航天飞行控制中心；获得航天飞行控制中心通过测控网信息给出的返回舱落点；获得着陆场直升机和固定翼飞机使用定向仪接收到的返回舱信标信号。

通过这些位置信息，搜救队会第一时间来到返回舱边。搜救队通过服装颜色区分工作种类，红色工作服是着陆场系统的搜救人员，白色工作服是航天员系统的医监医保人员，蓝色工作服是飞船系统的返回舱处置人员。返回舱着陆后，航天员并不需要立即打开返回舱，返回舱处置人员会协助航天员出舱。

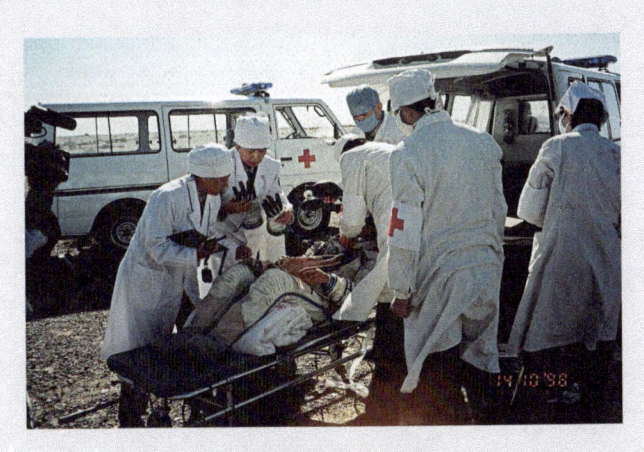

着陆点现场的医疗救护

通常，首先由返回舱处置人员检查返回舱，包括观察反推发动机推进剂是否有残留，使用特制的 γ 射线源防护盖屏蔽返回舱底部的 γ 高度计的 γ 源，防止辐射对救援人员造成危害。随后，返回舱处置人员打开返回舱舱门，医监医保人员进入返回舱，对航天员健康状况进行初步的医学检查和确认；在返回舱内，协助航天员初步对地面重力进行再适应，包括肢体运动、逐步站立适应、补充饮用水和营养液。航天员出舱后，返回舱处置人员还需要再次对返回舱进行安全处理，首先关闭返回舱电源，取出火工品备用单元，然后卸下 γ 高度计的 γ 源，将其存储于专用保护容器内等。

长期在太空中驻留的航天员刚返回地面时对地面环境有一个再适应过程，会出现心慌、头晕、心率加快、立位耐力下降、运动模式紊乱等一系列的医学问题。

链接： 从"神舟十三号"航天飞行乘组开始，航天员通常会在轨飞行6个月，航天员在太空中的工作量大，容易疲劳，立位耐力下降比较明显，因此航天员着陆后需要在舱内停留较长时间来适应地面重力环境。适应之后，航天员在工作人员协助下出舱，并且出舱后所有活动全部采取坐位，以确保安全。这是因为航天员长期在失重环境中生活和工作，会出现骨质流失、肌肉萎缩和立位耐力差等问题，返回地面后自行站立行走容易摔倒甚至骨折。返回地面初期，现场人员应避免与航天员拥抱，更不能因兴奋而向空中抛掷航天员。

此后，在医监医保直升机内或医监医保车内，医监医保人员协助航天员脱下航天服，进行卫生清洁，更换内衣；对航天员进行体检，采集样本，收集生理数据；评估航天员的健康状况，给予必要的医监医保处置；送航天员登机并全程陪护。

2 异常返回

载人飞船返回舱着陆后，航天员医生要监听航天员返回地面后的话音报告，或直接与航天员通话，并迅速赶往着陆现场。如果载人飞船是应急着陆、弹道式着陆或在返回时出现故障，这些可能使航天员在着陆时受到冲击伤害。韩国女性航天员李素妍在搭乘俄罗斯载人飞船返回地面过程中，由于飞船出现故障，返回舱以弹道式再入方式返回，她承受了很大过载，在着陆时受到很大冲击，最终受伤。

如果载人飞船在返回时出现着火、失压、温度失控、舱内有害气体超标等情况则非常危险，这些因素会使航天员中暑或冻伤、缺氧窒息、体液沸腾、得减压病等。比如，苏联"联盟11号"载人飞船在返回时返回舱漏气失压，航天员又没有穿舱内航天服，导致3名航天员牺牲。

　　航天员医生应做好航天员返回地面后的医学保障工作。一般情况下，在返回舱着陆后，航天员要等待地面搜救人员抵达着陆现场。搜救人员首先打开舱门，完成航天员现场健康状况判断，然后根据航天员的健康状况决定航天员出舱的具体方式。如果航天员未出现较重伤病，则可以实施主动出舱，现场搜救人员提供必要的帮助，尤其是如果2.5米高的返回舱直立着陆时，搜救人员还要先搭供航天员出舱的梯子或滑梯，再协助航天员出舱。当航天员出现较重伤病时，搜救人员要营救航天员出舱。当返回舱舱内环境恶劣，比如舱内出现火情时，航天员可以择机自主出舱；在航天员个人状态良好且舱外环境良好时，航天员也可以择机自主出舱。

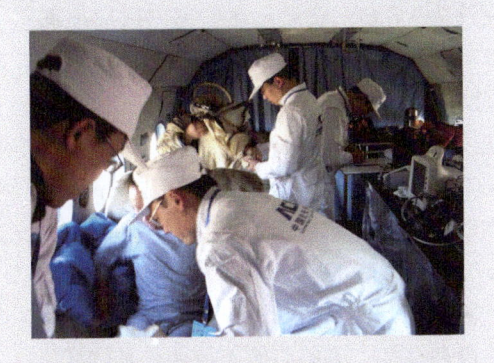

在着陆场执行医监医保任务的航天员医生

链接： 如果航天员着陆时出现伤病，到达现场的医监医保人员应对航天员实施必要的紧急现场医学处置，例如骨折固定、伤病员搬运、心肺复苏、创面或伤口止血和包扎、休克的紧急处理、各种心律失常处理、使用抗菌药物或特殊药物、缺氧和窒息的紧急处理甚至在现场实施关键手术，利用现场医疗保障条件尽可能救治航天员。

　　如果返回舱溅落在海上，正常情况下航天员可以留在返回舱内，用移动卫星电话与搜救指挥部联系等待救援。但是如果舱内环境恶劣，以至于影响航天员安全时，航天员可以择机自主出舱；在返回舱进水下沉或出现火情时，航天员要迅速自主出舱。航天员出舱后，可在充气救生筏上使用移动卫星电话与搜救指挥部联系，等待救援。在搜救人员到达现场后，如果航天员已经自主出舱，可以利用救生艇将航天员送至救捞船，然后进行医疗救护。如果航天员还没有自主出舱，那么可以利用海上救捞船打捞设备把返回舱打捞至甲板后协助航天员出舱。

3 三个阶段

中国航天员在返回地面后要进行身体恢复，一般分为医学隔离期、医学疗养期、恢复疗养期3个阶段。

医学隔离期约为14天。航天员在公寓内适应地面重力环境，提高心血管系统和支持运动器官功能，提高立位耐力，消除飞行后疲劳。

在医学隔离期内，航天员医生要对航天员实施医学检查，包括临床各科常规检查、立位耐力检查、平衡功能检查、人体成分分析、心血管调节与控制功能、人体功能状态检测等。对于重要检查项目，要进行动态跟踪，实行检查与体质训练、恢复相结合，按照循序渐进的原则逐渐增大负荷。可以适当为航天员安排一些平衡训练、步行训练、医疗体操、游泳、按摩等。

根据临床医学检查、生理功能检查结果，航天员医生要对航天员健康状况进行综合分析和评估，为每名航天员做出总体评价，以指导后续的恢复措施，并阶段性评估各种恢复措施的疗效，同时为恢复措施的应用与调整提供支持。在此期间，航天员与外界基本隔绝。

此阶段需要着重关注的问题包括心血管系统、运动系统、平衡和协调功能等多个方面，以尽快恢复航天员的站立功能，提高航天员的行走功能和平衡功能，加强下肢肌力，促进体液的再分布，改善心血管调节功能。航天员医生要为航天员制定合理的作息制度，提供科学的营养调配及中医中药康复治疗方案等。

前7天，航天员要吃一些易消化、高营养、维生素和微量元素丰富的新鲜食物；在第8～14天，可

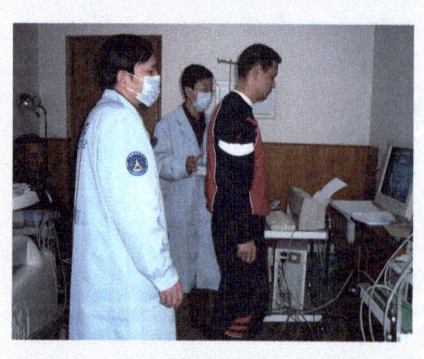

航天员医生正在进行航天员飞行后的身体恢复工作

维持航天员原有的饮食标准。在医学隔离期，可以适当为航天员安排一些平衡训练、步行训练、医疗体操、低强度坐位功率自行车训练、游泳、手法放松等，运动强度循序渐进，也可以采用中医中药的方法协助航天员再适应地面环境。

医学疗养期大约为20~30天。航天员将入住气候好、空气好的疗养院，在继续恢复健康的同时逐渐增加活动量。可安排航天员康复疗养，以进一步增强航天员体质，加强生理机能储备，提高防病抗病的能力，使航天员尽快恢复到飞行前状态。在疗养院，可安排景观治疗、体能锻炼等恢复措施。

链接： 在医学隔离期和医学疗养期，要实施一系列的恢复措施，包括采用运动疗法、推拿按摩、物理疗法、中医中药特色疗法等缓解航天员的再适应症状，纠正航天员飞行后身体各系统的变化，消除飞行后的疲劳，使航天员不仅完全恢复健康，而且机体获得更高的功能储备。

恢复疗养期大约为3个月。在这期间，要将航天员各项生理参数恢复到飞行前的状态。3个月后，航天员如果身体情况良好，就可以开始正常的训练了。

4 动物先行

苏联和美国在将人送上太空前，都选择了先将动物送上太空。因为载人航天器在太空中运行时，航天员会处于失重和宇宙辐射等特殊环境中，能否正常生活和工作是难以预料的。当时各国没有载人航天的实际经验，有些科学家认为，太空环境可能严重影响人体的生理系统和心理系统，失重环境可能使航天员呼吸困难、吞咽困难、精神失常甚至危及航天员生命安全。

为此，苏联和美国都先用动物进行了航天飞行实验，记录了动物在航天飞行过程中的心率、血压、心电和呼吸等生理指标。实验证明动物能够适应太空环境，太空环境对动物机体没有产生严重影响，在这种情况下，人类才决定实施载人航天。

1960—1961 年，苏联先后发射了 4 艘载有狗、大鼠、小鼠、豚鼠、蛙和果蝇等动物的飞船。在这些飞船飞行期间，苏联使用遥测技术记录了所载动物的生理指标，用舱内的电视摄像机记录了动物的反应和行为。此后，苏联发射了世界第一艘载人飞船"东方 1 号"，加加林成为了世界上进入太空的第一人。

1961 年 1 月 31 日，美国发射了载有一只黑猩猩的"水星 5 号"飞船，进行了 16 分 32 秒的亚轨道飞行实验。3 个月后，美国航天员谢泼德进行了首次亚轨道飞行。同年 11 月，另一只黑猩猩搭乘"水星 9 号"飞船上太空，完成了 3 圈轨道飞行。1962 年 2 月 20 日，美国航天员格伦进行了首次轨道飞行。

中国没有在"神舟"无人试验飞船上进行动物实验。这是因为在此之前，苏联和美国已经实现了载人航天，中国不需要再用动物来验证了。不过，中国在"神舟二号"至"神舟四号"无人试验飞船上都装了"模拟人"。

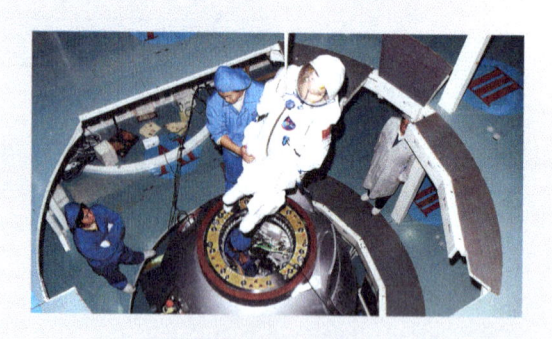

向返回舱内吊装"模拟人"

链接：中国的"模拟人"由人体代谢模拟装置、拟人生理信号设备和形体假人组成，能够模拟航天员在太空中的重要生理活动参数，如耗氧、脉搏等，地面指挥中心监控上述参数和状态。以"模拟人"这种无生命载荷取代动物，在飞船内模拟、检验飞船载人状态，比使用动物进行实验更科学，所获数据参考价值更大。因为动物的体积比较小，代谢率比较低，与人差别很大。再者，动物到了一个新的环境后可能应激和生病，甚至可能因此死亡，这些情况到底是载人飞船环境导致的，还是动物本身的问题，是难以验证的。

5 航天英雄

载人航天是一项高风险的事业，截至2023年年底，世界共有22名航天员牺牲在航天飞行准备和执行的过程中。

1961年3月23日，苏联航天员邦达连科在充满纯氧的舱室里进行训练时失火，他被严重烧伤，10个小时后死亡。邦达连科成为人类载人航天事业中第一位牺牲的航天员。

1967年1月27日，美国"阿波罗1号"飞船指令舱在地面进行试验时意外起火，由于舱内是纯氧环境，舱门打不开，导致格里索姆、怀特和查菲3名航天员在几十秒内被烧死在舱内。

1967年4月23日，苏联航天员科马洛夫搭乘第1艘"联盟"载人飞船——"联盟1号"飞船进入太空后屡次出现故障，虽然进行了修复，但是在返回地面时降落伞因故障无法打开，飞船返回舱以每秒100多米的速度硬着陆，航天员科马洛夫当场牺牲。

1971年6月30日，苏联"联盟11号"飞船在返回地面过程中，返回舱因故障漏气，导致舱内迅速减压，在着陆前30分钟3名没有穿舱内航天服的航天员因急性缺氧和体液沸腾而牺牲。

1986年1月28日，美国"挑战者号"航天飞机在升空73秒后，由于右侧助推火箭密封装置出现问题，造成燃料外泄，使航天飞机凌空爆炸，机上7名航天员当场牺牲。

2003年2月1日，美国"哥伦比亚号"航天飞机在返回地面前16分钟，机翼前缘的隔热瓦破损，导致超高温气体进入机体，使航天飞机在得克萨斯州60千米高空解体，机上7名航天员全部牺牲。

世界载人航天发展至今，已经创造了多项辉煌的第一，它们对载人航天发展具有重大推动作用。

1961年，苏联人加加林成为世界太空第一人。1963年，苏联人捷列什科娃成为世界太空第一女性。世界太空行走第一人是苏联的列昂诺夫，他于1965年首次出舱；世界太空行走第一女性是苏联的萨维茨卡娅，她于1984年出舱。俄罗斯人波利亚科夫1995年在太空中创下连续居留空间站437天零18小时的世界纪录。美国人科赫2020年在太空中创下连续居留空间站328天的女性世界纪录。俄罗斯人帕达尔卡2015年创下累计居留太空879天的世界纪录。美国人惠特森创下累计居留太空665天的女性世界纪录,她也是国际空间站第一位女性指令长,还保持了女性太空行走次数 10 次的世界纪录,累计 60 小时 21 分。

在太空中走得最远的人是美国人麦坎德利斯二世,1984 年 2 月,他飞至"挑战者"号航天飞机约 100 米处。太空行走次数最多的人是俄罗斯人索洛维耶夫。美国人阿姆斯特朗在 1969 年 7 月成为世界登月第一人。美国人约翰·杨作为指令长于 1981 年 4 月 12 日驾驶首架航天飞机进入太空。航天飞机第一位女性驾驶员和指令长是美国人科林斯。美国人沃斯和赫尔姆斯共同创造了 8 小时 56 分的太空行走时间最长的世界纪录。2019 年 10 月 18 日,美国人梅尔和科赫进行了世界首次全女性太空行走。

航天员在太空中创造的世界纪录不胜枚举,未来,他们还将取得更大的成就。

在太空中走得最远的航天员是美国人麦坎德利斯二世。他身着舱外航天服飞到距离航天飞机约 100 米处,背包中有一个氮气喷射推进装置提供机动力。航天员用置于手臂支架前端的控制器控制喷气方向,从而实现可控制的移动